故宫经典　CLASSICS OF THE FORBIDDEN CITY

ARCHITECTURE OF THE FORBIDDEN CITY

故宫建筑图典

主编／于倬云
EDITED BY
YU ZHUOYUN
故宫出版社
THE FORBIDDEN
CITY
PUBLISHING
HOUSE

图书在版编目（CIP）数据

故宫建筑图典／于倬云主编．—北京：故宫出版社，
2007.8（2021.7重印）
（故宫经典）
ISBN 978-7-80047-655-6

Ⅰ．故… Ⅱ．于… Ⅲ．故宫－建筑艺术－中国－图集
Ⅳ．TU－092.48

中国版本图书馆CIP数据核字（2007）第128354号

编辑出版委员会

主　任　郑欣淼
副主任　李　季　李文儒
委　员　晋　达　王亚民　陈丽华　段　勇　萧燕翼
　　　　冯乃恩　余　辉　胡　锤　张　荣　胡建中　阎宏斌　宋纪蓉
　　　　朱赛虹　章宏伟　赵国英　傅红展　赵　杨　马海轩　娄　玮

故宫经典
故宫建筑图典

故宫博物院编
主　　编：于倬云
摄　　影：高志强　胡　锤
图片资料：故宫博物院资料信息中心
责任编辑：江　英　徐　海
装帧设计：北京颂雅风文化艺术中心
责任印制：常晓辉　顾从辉
出版发行：故宫出版社
　　　　　地址：北京市东城区景山前街4号　邮编：100009
　　　　　电话：010-85007800　010-85007817
　　　　　邮箱：ggcb@culturefc.cn
制　　版：北京方嘉彩色印刷有限责任公司
印　　刷：北京雅昌艺术印刷有限公司
开　　本：889毫米×1194毫米　1/12
印　　张：27
字　　数：105千字
图　　版：560幅
版　　次：2007年9月第1版
　　　　　2021年7月第7次印刷
印　　数：11,001~13,000册
书　　号：ISBN 978-7-80047-655-6
定　　价：460.00元

经典故宫与《故宫经典》 郑欣淼

故宫文化，从一定意义上说是经典文化。从故宫的地位、作用及其内涵看，故宫文化是以皇帝、皇宫、皇权为核心的帝王文化、皇家文化，或者说是宫廷文化。皇帝是历史的产物。在漫长的中国封建社会里，皇帝是国家的象征，是专制主义中央集权的核心。同样，以皇帝为核心的宫廷是国家的中心。故宫文化不是局部的，也不是地方性的，无疑属于大传统，是上层的、主流的，属于中国传统文化中最为堂皇的部分，但是它又和民间的文化传统有着千丝万缕的关系。

故宫文化具有独特性、丰富性、整体性以及象征性的特点。从物质层面看，故宫只是一座古建筑群，但它不是一般的古建筑，而是皇宫。中国历来讲究器以载道，故宫及其皇家收藏凝聚了传统的特别是辉煌时期的中国文化，是几千年中国的器用典章、国家制度、意识形态、科学技术以及学术、艺术等积累的结晶，既是中国传统文化精神的物质载体，也成为中国传统文化最有代表性的象征物，就像金字塔之于古埃及、雅典卫城神庙之于希腊一样。因此，从这个意义上说，故宫文化是经典文化。

经典具有权威性。故宫体现了中华文明的精华，它的地位和价值是不可替代的。经典具有不朽性。故宫属于历史遗产，它是中华五千年历史文化的沉淀，蕴含着中华民族生生不已的创造和精神，具有不竭的历史生命。经典具有传统性。传统的本质是主体活动的延承，故宫所代表的中国历史文化与当代中国是一脉相承的，中国传统文化与今天的文化建设是相连的。对于任何一个民族、一个国家来说，经典文化永远都是其生命的依托、精神的支撑和创新的源泉，都是其得以存续和赓延的筋络与血脉。

对于经典故宫的诠释与宣传，有着多种的形式。对故宫进行形象的数字化宣传，拍摄类似《故宫》纪录片等影像作品，这是大众传媒的努力；而以精美的图书展现故宫的内蕴，则是许多出版社的追求。

多年来，紫禁城出版社出版了不少好的图书。同时，海内外其他出版社也出版了许多故宫博物院编写的好书。这些图书经过十余年、甚至二十年的沉淀，在读者心目中树立了"故宫经典"的印象，成为品牌性图书。它们的影响并没有随着时间推移变得模糊起来，而是历久弥新，成为读者心中的经典图书。

于是，现在就有了紫禁城出版社的《故宫经典》丛书。《国宝》、《紫禁城宫殿》、《清代宫廷生活》、《紫禁城宫殿建筑装饰—内檐装修图典》、《清代宫廷包装艺术》等享誉已久的图书，又以新的面目展示给读者。而且，故宫博物院正在出版和将要出版一系列经典图书。随着这些图书的编辑出版，将更加有助于读者对故宫的了解和对中国传统文化的认识。

《故宫经典》丛书的策划，这无疑是个好的创意和思路。我希望这套丛书不断出下去，而且越出越好。经典故宫藉《故宫经典》使其丰厚蕴含得到不断发掘，《故宫经典》则赖经典故宫而声名更为广远。

目 录

前 言 故宫博物院

中国历史上曾经有过很多著名的宫殿建筑，如秦阿房宫、汉未央宫，以及唐长安、宋汴京、元大都的宫殿等。但是我们今天只能从文献和遗址中略知这些宫殿的梗概。只有明、清两代的紫禁城宫殿至今尚保存完整，巍峨屹立在北京城的中轴线上。紫禁城宫殿是中国现存规模最大的木结构建筑群，也是世界罕见的古代宫殿建筑群。

紫禁城宫殿虽然建成于15世纪20年代，但它却是集中国古代传统宫殿建筑的大成，布局和建筑技术都是继承了历代宫殿建筑的优秀成果而又有进一步的创造，在中国建筑史上占有极重要的地位。

本画册由故宫博物院于倬云先生主编，并由他亲自撰写导论，综论紫禁城的营建沿革、规划设计思想以及有关方面的建筑艺术。

本画册精选大量照片展示紫禁城内主要宫、殿、楼、阁、门等各类型建筑物的外景、内景、装修、装饰、陈设以及有关的设施，并分章撰写专文作深入浅出的概述。除此而外，另有图片说明作为辅助性的解说，以增加画册的知识性和趣味性。除摄影图片外，也有不少故宫珍藏的历史画、建筑实测图等各类墨线图。

本画册是在本院有关部门通力合作下完成的。本院诸多业务部门承担了部分工作任务。本院刘北汜先生、吴空先生协助主编工作，设计成书。古建研究人员郑连章、刘策先生和茹竞华女士参与编写和制图。周苏琴女士具体组织拍摄和资料搜集工作。画册内主要照片是由摄影师高志强、胡锤先生摄制的。

天津大学建筑系童鹤龄先生为本书绘制紫禁城鸟瞰图，在此一并致谢。

1. 北京市城区示意图

2. 紫禁城宫殿总平面图

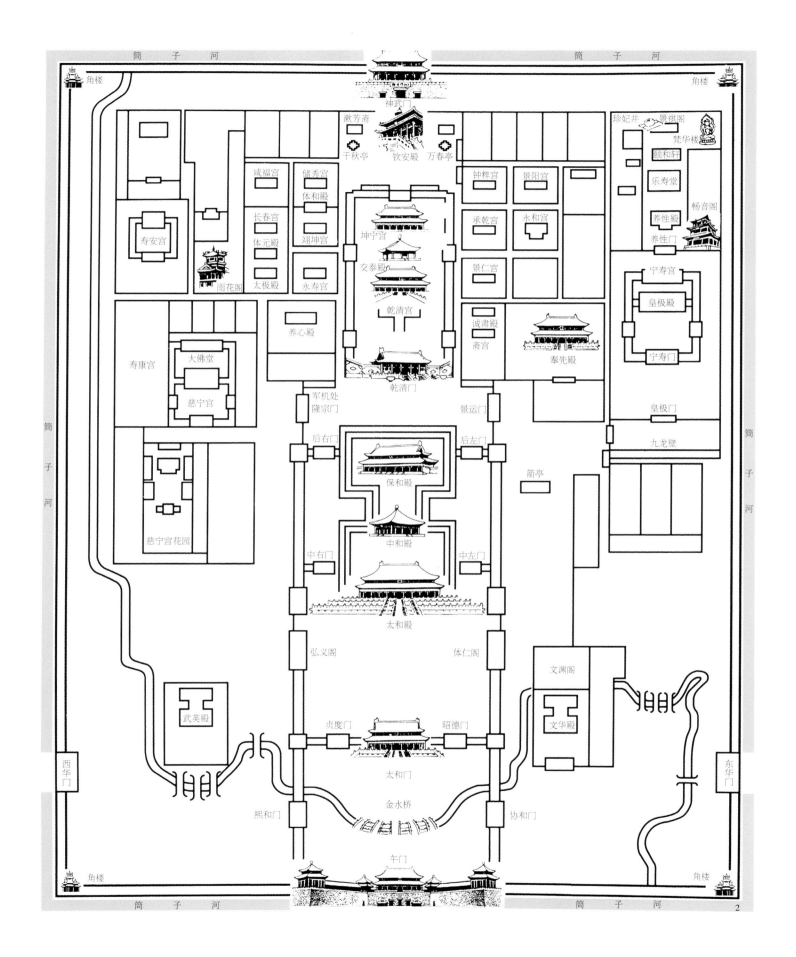

3. 紫禁城宫殿鸟瞰图

紫禁城宫殿鸟瞰图

4. 紫禁城宫殿全景

导论

紫禁城宫殿的营建
及其艺术　于倬云

建筑沿革

故宫又称紫禁城，位于现今的北京，原是明、清两代的皇宫。明代的 14 个皇帝和清代的 10 个皇帝，凡 491 年先后在这里发号施令，统治中国。

按照中国古代对太空星球的认识和幻想，谓有紫微星垣（即北极星），位于中天，众星环绕，位置永恒不移，是天帝所居，称紫宫。并援其"紫微正中"之义，来象征世上皇帝的居所。而且皇帝所居的宫殿属禁地，戒备森严，不许平民越雷池半步，因此明、清皇宫就有紫禁城之名。这个命名，更增添了皇宫的神秘色彩。

紫禁城宫殿是明成祖朱棣在位时营建的。明太祖朱元璋建国时，定都金陵，称为南京，封他的四子朱棣为燕王，驻守北平府（北京）。朱元璋在位 31 年死去，太孙建文继位。朱棣不服，用武力攻取了南京，承继了皇位，改年号为永乐。朱棣长居北方，深感北元残余势力的威胁，出于军事上的考虑及巩固政权的需要，他于永乐四年（1406 年）下诏迁都北京，永乐五年（1407 年）五月开始营建北京宫殿、坛庙与自己的陵寝（即长陵）。他首先派遣大臣到四川、湖南、广西、江西、浙江、山西诸省采木，并派侯爵陈珪督制北京城与紫禁城的改建规划。具体规划则由誉为才智过人、经划有条的规划师吴中负责。

当时的规划有三大特点。

第一，明代北京宫殿是在元大都的基址上营建的。当拟制规划时，规划师们不仅掌握元大都的基本情况，而且十分熟悉地上建筑的情况、水系的来龙去脉，以及暗沟的排水高程和坡度。因此在营建新城时得以充分利用原有的遗物，节省了很多工程量。由于紫禁城中缺乏水面，所以把太液池中的水从城垣的西北隅引入，向南回绕，在紫禁城的午门内的一段就是美丽的内金水河，然后从东南方向流出，经菖蒲河、御河和通惠河接通。

第二，明代的都城规划吸取了历代都城规划的优点，对元大都宫殿布局作了许多改动。元朝的大内正门崇天门（午门）至大都正门丽正门的距离较近，没有北宋汴京宫前天街的那种雄伟深邃的气魄。明代的北京规划遂吸取了宋代汴京宫前"周桥南北是天街"的布局，把京城的南面城墙向南推出了里许，到现在正阳门的位置，从而使正阳门到紫禁城之间形成了一条笔直而漫长的中轴线。从正阳门北向，经大明门（清时称大清门）、外金水桥、承天门（清代改称天安门）及端门，才能看到巍峨雄峙的紫禁城的大门——午门。这些门阙构成引人入胜的空间，有如宫前的序幕，增加了紫禁城庄严肃穆的气氛。

明代在承天门外中轴线的两侧，布置着千步廊与衙署，在承天门内东西朝房两旁，布置了"左祖右社"的太庙和社稷坛。这样的布置改变了元朝"左祖右社"远离皇城的情况，使太庙与社稷坛紧连皇宫。

第三，元朝的宫殿布局是以琼岛为中心的三处宫殿群（兴圣宫、隆福宫和大内）。兴圣宫和隆福宫是后、妃及太子的宫室，大内为帝后的正衙和寝宫，大内周围环以宫城，但无护城河，宫后的御苑中也无景山。明代的北京规划把太后嫔妃的宫室都布置在紫禁城内，并沿紫禁城周围挖了 52 米宽的护城河，使紫禁城增加了一道防御工事。从护城河中挖出的土方多达百万立方米，运至宫后的御苑，堆成高达 49 米的万岁山（今称景山）。这个设计，既符合南京明宫殿后面以万岁山为屏障的雄伟构想，又节省了土方的运输。到了清乾隆年间，又在万岁山的五峰之上建起五座玲珑秀丽的亭子，给紫禁城的山屏添了一景。登上景山万春亭极目遥望，可以看到世界上唯一的景象——琉璃瓦顶金光闪烁的"宫殿之海"——紫禁城。

5. 明成祖朱棣画像

6.《康熙南巡图》
   （从正阳门外到金水桥部分）

7. 元、明北京城变迁图

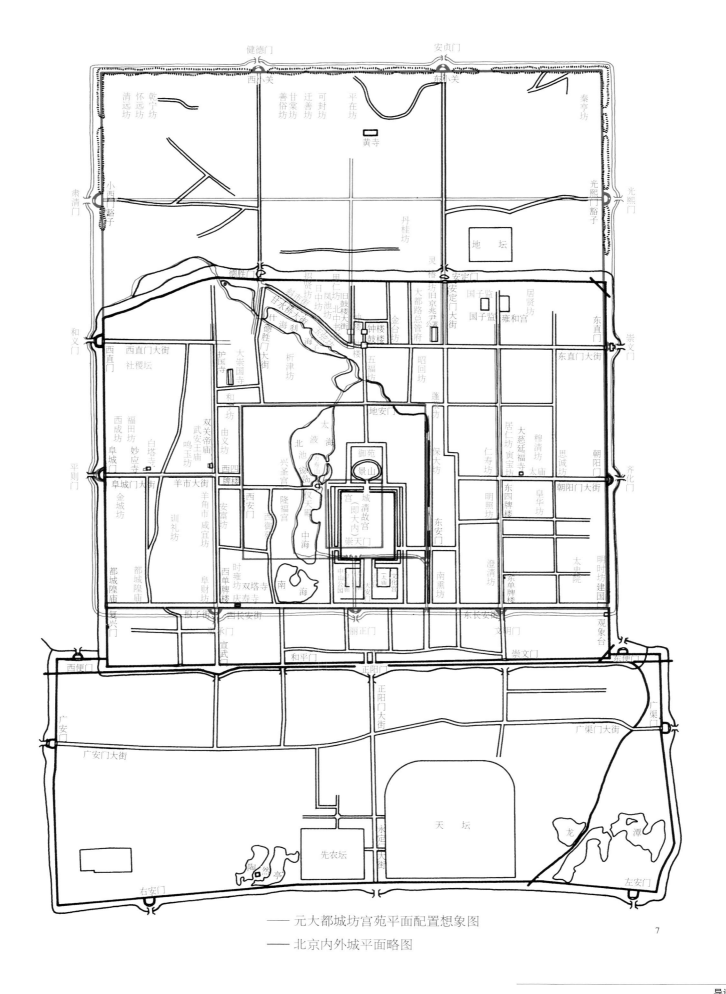

—— 元大都城坊宫苑平面配置想象图

—— 北京内外城平面略图

7

施工准备

在紫禁城里建筑的楼台殿阁，如按幢计算，约近千幢（古时称为座，包括内务府、上驷院及值房等）。其中既有规模宏伟的大殿，又有造型复杂的亭阁；既有玲珑精致的工艺，又有罕见庞大的巨材。因此做营建规划时，要算出需花多少钱，用多少工，备多少料，如何安排工程进度，确是一件不简单的事。

一、采木

古建筑中木材是最重要的材料。明代营建宫殿时，对木材质量要求很严格，木架和装修都用上好的楠木（香楠或金丝楠）。这种材料产于四川，无论在山中采伐，还是运输巨木来京城，都是非常艰险的事。"入山一千，出山五百"这句谚语，就充分说明了木材采伐运输上的艰难，也可以看出明宫殿的建造消耗了多少劳动人民的血汗。

当时运输的办法是将木材滚进山沟，做成木筏，待雨季山洪暴发，将木筏冲入江河，顺流而划行。遇到逆水时，便上岸拉纤。运输木材的道路主要有两条：一是通过运河、通惠河运到北京的神木厂。如浙江省的木材由富春江入大运河，经天津入北运河，再经通惠河入北京；江西省的木材通过赣江入长江；两湖的木材通过湘江与汉水入长江；四川的木材通过嘉陵江与岷江入长江，然后经运河北上，往往需要三四年的时间才能到达。以上这些地区，所产的良材美木多是特等巨材，当时称为神木。经这条渠道的木材由于产地大、货源足，因此从通州张家湾到北京崇文门的通惠河中，大量木材源源不断，依次运入神木厂。二是从山西的桑干河经永定河，把木材运到北京的大木仓。现在北京城内西单稍北的大木仓胡同，就是沿用 500 年前为营建宫殿所设木仓的位置而命名的。

当时北京城内东西两个大木储存场储材充足，因此在兴建紫禁城期间，从未出现过停工待料的现象。大木仓有仓房 3600 间，保存条件良好，直到正统二年（1437 年），仍有库存木材 38 万根之多。

二、烧制砖瓦

紫禁城宫殿所需的砖瓦，品种之多，数量之大也是十分惊人的。其用量大不仅在于房屋之多，城垣之大，而且与一些特殊的工程做法是分不开的。如庭院地面，至少墁砖三层，甚至墁上七层。全部庭院估计需用砖 2000 余万块。城墙、宫墙及三台用砖量更大，估计所用城砖数达 8000 万块以上。每块城砖重达 24 公斤有余，共重 193 万吨，因此在生产和运输上都是非常艰巨的。

从砖的规格和质量分，主要有以下几种：第一种是用量最大的城砖。这种砖质地坚实，称为停泥城砖。由于不宜细磨，所以多用在垫层和隐蔽部分。第二种是澄浆砖。这种砖在制坯前，先将泥土入池浸泡，经过沉淀，澄出上面的细泥，晾干后做坯。澄浆砖质地细，宜用作干摆细磨的面砖。这种细泥澄浆砖以山东临清的产量最多，当时规定，凡运粮船路过临清必须装上一定数量的砖才能北上。第三种是房屋室内和廊子地面所铺的方砖。尺二方砖多铺于小房室内，尺四方砖铺于一般配房，较大的房屋均铺尺七方砖，另外还有一种尺七以上的方砖（一般为二尺和二尺二寸），质地极细，敲之铿然，声若金属的方砖，称为金砖，产于苏州、松江等七府。紫禁城主要宫殿的室内都是用金砖墁地。

方砖也多赖运河和通惠河运到北京。明初，北京城内的御河可以行船，因此从运河运来的方砖可以直抵地安门外鼓楼前东侧的方砖厂。现在的方砖厂胡同即以明初方砖厂而命名的。

屋顶所用的瓦件，从材料品种来分，可分三类：个别的建筑物用金属瓦顶；少数房屋用的是青瓦（也称黑瓦或布瓦）；绝大多数的房屋为黄琉璃瓦。

琉璃瓦的规格品种较多，配件复杂。由于它制坯、塑造花纹、烧坯挂釉需要时间很长，所以必须事先订货。如何在事先提出备料清单，专业技术人员有一套传统的计算方法。只要有了建筑尺寸、屋顶形式和瓦样号数，琉璃瓦厂便能开出各种瓦件的详单进行烧制。安装时保证严丝合缝，件件齐全。

明代烧制琉璃瓦的地点在今北京正阳门与宣武门之间

的琉璃厂。今和平门外尚有琉璃厂和厂西门的地名。烧制黑瓦的窑厂在黑窑厂，即今陶然亭、窑台一带。现在陶然亭公园的湖泊，就是 500 年前制坯取土留下的遗迹。

关于烧窑的地点，在明代及清代乾隆年间规定："京城之北五里之内不得设窑。"因为北京多刮西北风，如果窑厂设在西北近郊，城内空气容易污染，所以窑厂多设在东南一带。清康熙年间又迁琉璃厂至门头沟琉璃渠，一方面接近原料产地，另一方面更利于北京城保持空气清洁。

三、采石

一般平原的木构建筑，石材的用量并不太多，但紫禁城中所用的石材，不仅数量多，而且规格异常巨大，尤其明代早期对营建宫殿的材料的规格要求极严。例如：一、明代宫殿台基上面的阶条石都要"长同间广"，也就是石料的长度要和每间的面宽一致。譬如乾清宫明间（中心间）的面宽为 7 米，则阶条石料的长度也要在 7 米以上。这种石材的开采难度是很大的，而宫殿中需要大量这种规格的石材。现在紫禁城建筑中所见到的阶条石，并不都是长同间广，甚至太和殿的条石，也没和柱子中心对缝，这是由于清代补配时的做法有些变化，增加了

条石的数量，减少每块的长度，以解决开采长石料的困难。

二、殿前御道（甬路）石板，规格也是很大的，有的重达万斤。这种石板御道，不仅用在紫禁城中主要宫殿前，在午门到端门、天安门的中轴线上的"御街"也用这种巨型石板铺筑。以上两种巨型石材是在京西房山大石窝和门头沟青白口开采的。石质坚硬，色泽青白相间，因此称为青白石或艾叶青。以上两种万斤以上的巨材，明代营建紫禁城时需要万块以上，开采规模确是很惊人的。三台前后的两块雕龙御路石板长 16.57 米，宽 3.07 米，当时能开采这样巨大而又无裂无疵的石材就更难了。据估计，每块石材重达 250 吨，如果按采石时加荒计算，这种石料每块起码要重 300 吨以上。在当时的生产条件看，探矿、开采、运转、吊装等工程难度都很大。当时能够采集应用，分析起来不外依靠两个方法：一是运用科学方法，二是用人多。石匠的撬棍和起重的杠秤就是利用"重量 × 重支距 ＝力 × 力臂"的杠杆原理，这和现代吊车原理是一样的。人的力量虽然有限，但人数多，动作时喊号子，步伐一致，力量也就很大了。

明万历年间重建三殿时，太和殿前所需的御路石"阔

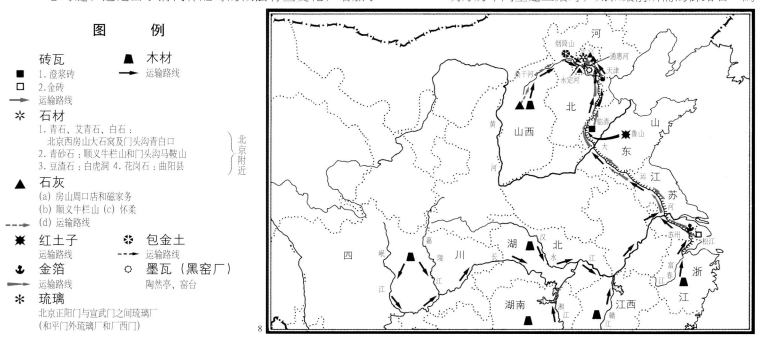

图　例

砖瓦
■ 1.澄浆砖
□ 2.金砖
➤ 运输路线

▲ 木材
➤ 运输路线

✳ 石材
1. 青石、艾青石、白石：
北京西房山大石窝及门头沟青白口
2. 青砂石：顺义牛栏山和门头沟马鞍山
3. 豆渣石：白虎洞　4. 花岗石：曲阳县
（北京附近）

▲ 石灰
(a) 房山周口店和磁家务
(b) 顺义牛栏山 (c) 怀柔
(d) 运输路线

✳ 红土子
➤ 运输路线

⚓ 金箔
➤ 运输路线

✳ 琉璃
北京正阳门与宣武门之间琉璃厂
（和平门外琉璃厂和厂西门）

✳ 包金土
➤ 运输路线

⊙ 墨瓦（黑窑厂）
陶然亭、窑台

8. 营建紫禁城重要材料产地及运输路线图

一丈，厚五尺，长三丈余"，估计这块石料重达 180 吨。运输这样巨且重的材料，既不能用车也不能就地滚，于是选在冬季运输，沿途每隔一里打一口井，路上泼水成冰，拽石在冰上滑行，摩擦阻力较小，这在当时的条件下，不失为有效的办法。但用这种办法仍需民工 2 万多名，经 28 天才拽运到北京。不过这块石材的长度仅为原来御路石材的 60%。为符合原来的长度，用三块石材巧妙地拼接起来。拼接时，如果直缝对接，必露出接缝，非常丑陋。聪明智慧的石工在做这块御路时，是以云纹突起的曲线为拼合线，使石料之间的接触面成为高低起伏，凸凹交错的弯曲面，虽然用三块石料拼合，也能严丝合缝地咬合为一体。因此这雕石御路虽然位于太和殿前的显眼部位，但长期以来无人看清是拼接出来的。只是由于后来石块走闪，出现缝隙，才发现了三台前面正中的大石雕"御路"与保和殿的用材不同，它不是用 16.57 米长的石雕制的，而是用三块石料拼合而成的。

房山不仅出产青白石，还出产大量的白石，其中还有一种质地柔润坚实，形如玉石，洁白无疵的汉白玉。白石都用来做钩栏望柱，俗称玉石栏杆。一般的白石易于风化，而养心殿前的御路石、御花园钦安殿的栏杆及盆景座的一些晶莹的白石才是珍贵的汉白玉石。

当时，采集石材的场地除了房山、门头沟以外，还有顺义牛栏山和门头沟马鞍山的青砂石，白虎洞的豆渣石和曲阳县的花岗石。这些地方都较靠近北京城，说明明代营建宫殿时是采用就近取材，因材制用的办法的，采集来的石料以白石做钩栏，青石做台基，豆渣石做沟基和路面，花岗石做磨石地面，青砂石做次要房屋的柱础台基用。至于现在紫禁城中尚存的少量的五色虎皮石（冰纹拼合的贴面墙石）为清代从蓟县盘山采集的，不属于明初的备料计划中。

四、其他建筑用料

白灰（也称石灰）在修建紫禁城中，用量很大。白灰系用石灰岩烧制，白灰窑大都设在山腰或山脚下，靠近石灰岩产地。如房山周口店和磁家务（现在磁家务附近有"石灰厂"的地名），顺义的牛栏山，怀柔（城西南有个地名叫石场）以及山西省的部分地区，设置很多石灰窑，现在的马鞍山的石灰窑仍是灰质最佳的著名灰厂。

宫殿的墙壁为红色墙身。黄琉璃瓦顶的夹陇灰中也掺合红土子抹灰刷浆。因此，红土子的用量也是很大的。其产地在山东鲁山，加工在博山，因此博山以出红土子著称。

大殿室内墙壁粉刷所用的近似杏黄色的材料称为包金土，产于河北省宣化市北面的烟筒山（文献记载为寅洞山）。此外殿堂内的金漆宝座与室内外的油画贴金，需用大量的金箔，是用真金打成的，菲薄的箔页多在江南加工。苏州加工的金箔既薄且匀，无砂眼。金箔由于配比成分不同，分为库金和大赤金两种。

紫禁城宫殿所需的建筑材料，还有很多，产地也很广，就不一一赘述了。

9. 营建紫禁城所用的墨斗

9　10. 营建紫禁城所用的门尺

施工过程与著名技师

　　紫禁城宫殿的施工是经过长期准备，周密计划，充足备料，并做出大量预制构件之后，才在永乐十五年（1417年）二月破土开工的。经过三年的大规模施工，永乐十八年（1420年）九月竣工，其规模之大，计划之周，构造之精，进度之快，确是建筑史上罕见的奇迹。这既是全国人民的血汗结晶，又是参加营建的十万工匠与百万夫役的劳动成果。这十万工匠多是从各地甚至其他国家挑选来的能工巧匠。他们有的人参加设计，有的人参加管理和操作，都发挥了专业才能。如陆祥、杨青、蒯祥等就都是掌握祖传技术、应征服役的著名匠师。

　　陆祥是祖传的石工，从小随父兄学石工技术。朱元璋营建南京时，他曾应征到南京服役。陆祥石作技术高超，操作认真，他所掌管的北京宫殿坛庙石活都能雕琢精细，尺寸严格，工料结实，一丝不苟。从钦安殿的白石钩栏到三台螭首的"千龙喷水"，都可以看出他的精湛技术。石材加工费力费时，紫禁城中所用石材巨，数量多，加工尤难，陆祥却能有条不紊地事先在紫禁城外的大小石作进行打凿、雕刻，预制后运至现场快速安装，不差分厘，这就保证了紫禁城的工程质量与进度。

　　瓦工杨青，擅长估算，精于调配工料。他的工料估算对完成宫殿施工起了很重要的作用。因为工地人多，如果没有好的调度，就会造成现场混乱。在紧迫的施工当中，紫禁城营建工程没有停工待料，没有因工序衔接不上而误工，这与杨青善于安排工地上人数最多的瓦壮工是分不开的。

　　蒯祥是苏州吴县人，为家传的木工技术人员。他父亲蒯福是一位经验丰富、技术精湛的木工，曾主持过南京宫殿的木作工程。蒯祥在少年时代随父学艺，青年时代即到南京做木活。由于他勤奋学习，刻苦钻研，终于成为一位优秀的木工。当蒯福告老还乡时，蒯祥接班，接管南京宫殿的木作工作。永乐十五年（1417年）紫禁城宫殿开始进入大规模施工高潮时，蒯祥随永乐帝从南京到北京，主持宫殿的施工。

　　古代木构建筑的营建中，由于很多用料的尺寸都是以斗拱的模数计算出来的，因而木骨架的设计是各种专业设计的基准，蒯祥既能绘图、设计，又有操作技术，因此人们称他为蒯鲁班。

　　以上三人是营建北京宫殿的石、瓦、木作的匠师代表人物。至于总体规划设计方面的技术人才，由于他们作出的方案，要先经工部审查，再由太监送给皇帝批准，才能实施，因此在文献上多记载太宁侯陈珪、工部侍郎吴中和太监阮安的规划设计才能。实际上，对紫禁城的规划设计贡献最大的是蔡信。他有瓦木各作的丰富知识，有精湛的设计才能，能深入实际，深入各作，共同讨论，使设计和施工紧密结合，因此他的设计方案为各作所敬佩。紫禁城宫殿在营建中，能够顺利施工，与设计师蔡信的勤劳、智慧及工作方法是分不开的。

　　永乐十八年（1420年）九月九日，由于紫禁城宫殿即将落成，永乐帝颁布诏书，决定于翌年元旦御新殿受贺，定北京为京师。十二月北京郊庙宫殿全部落成，但是御新殿甫百日，三大殿于四月初八日被火全部烧光。由于朝中有人主张回都南京，因而推迟了修复工程的时间，只得以奉天门为听政之所。朱棣死后，其子洪熙皇帝有复都南京的打算，并命修理南京皇城。洪熙在位仅一年病死，其子正统皇帝继位，最初对是否还都南京仍颇犹豫。到了正统四年（1439年）十二月，终于决定修缮两宫和重建三大殿，令工部尚书吴中督工修建，由蒯祥负责设计与施工。修建工程于正统五年（1440年）三月开工，经过两年全部告成。这时期，蒯祥的匠艺已达到炉火纯青、巧夺天工的地步。"凡殿阁楼榭，以至回廊曲宇，随手图之，无不称上意者。"他能以两手画龙，合之如一。他不仅精慧聪敏，巧思善画，而且能目量意营，准确无误，指挥操作，悉中规制。

　　这次重建竣工后120年，嘉靖三十六年（1557年）四月一天傍晚，雷雨大作，奉天、华盖、谨身殿，文、武楼，左顺、右顺门及午门内外朝房尽毁于雷火。当时由于没有留存这些建筑的图纸档案资料，掌握营缮的工官和工匠们不敢提出修复设计。只有工师徐杲和雷礼，凭着他们的精湛技艺和经验，根据灾后废墟情况，拟出修复方案。当年十月重修奉天门，经过一冬的时间修缮大木，翌年春季宽瓦与油画，七月即落成，并改称大朝门。三大殿工程也于嘉靖四十一年（1562 年）竣工。嘉靖皇帝由于害怕再遭雷火，除命令建雷神庙外，并更名奉天殿曰皇极殿，华盖殿曰中极殿，谨身殿曰建极殿，文楼曰文昭阁，武楼曰武成阁，左顺门曰会极门，右顺门曰归极门，东角门曰弘政门，西角门曰宣治门。

79 年后，"万历二十五年六月戊寅，三殿灾……火起归极门，延至皇极殿，文昭、武成二楼，周围廊房一时俱烬"。当时由于缺乏木材大料，需去四川、湖广、贵州采集，因此直到 18 年后，在万历四十三年（1615 年）才建成。现在的中和殿、保和殿即是那时重建的建筑物。天启五年到七年（1625～1627 年）三大殿又经过大修，因而许多书记载该两殿为天启间建筑，事实上从屋架观察，它与万历年的许多手法相同，虽然中和殿在天启五年（1625 年）换了一些大木，但基本骨架仍为万历四十三年（1615 年）的遗物。

当时参加修缮的工师冯巧是一位杰出的木工。自万历至崇祯末年，冯巧对宫殿修缮做了很大的贡献。他发现青年木工梁九有志钻研技术，于是他把平生的技术全部传授给梁九，并启发梁九以寸准尺，用模型设计的方法指导施工，使梁九掌握了精湛的工程技术。清康熙三十四年（1695 年）重建太和殿时，由年迈的梁九主持这项工程。他用模型设计的方法，把重檐庑殿顶的大殿，从造型、结构、规格及尺寸等都用以寸准尺的比例方法制造出模型，使人

一目了然，这对审查设计和指导施工提供了极大的方便。现在的太和殿，就是梁九的设计成果。

古代传授技术的另一方式是"家传"——就是父传子，子传孙。这种传授方式，在当时的情况下，也培养出一些人才。明代的木工蒯祥、石工陆祥，就是从小随父兄学得技艺。清代初年的雷发宣、雷发达，以木工应征到北京服役，由于他们的技术卓越，很快就被提升，担任宫廷建筑的设计工作。雷发达在主持设计工作中，创造出用草纸板烫制模型小样方法，简称"烫样"。他所主管的设计单位称为"样式房"，他的技艺传授给其子雷金玉。其子在承德离宫设计中做出很大的贡献。其孙雷澄在圆明园设计中贡献也很大。雷氏的技术传至七世，直到光绪三十四年（1908 年），共流传了 240 余年。其间凡是宫廷建筑设计图样都出自雷家之手，所以人们称他家为样式雷。

清代的皇家工程，由样房和算房两个单位分工负责。样房负责建筑设计，由雷家掌管；算房负责编造各作做法，做预算、估工估料，由梁九、刘廷瓒、刘廷琦等人先后承担，所以有算房梁、算房刘之称。

康熙八年（1669 年）重修太和殿举行上梁典礼时，康熙皇帝亲临现场，焚香行礼。当大梁吊到高空，准备入榫时，预制的榫卯悬而不合，管理工程的官员慌恐万状，担心皇帝怪罪。正在万分焦急的时候，年已半百的雷发达，穿上官服，攀上高空，骑在梁上，手起斧落，使榫卯入位，典礼按时告成。他的现场应急表现，使康熙皇帝十分喜悦，当即敕授雷发达为工部营缮所的长班（技术领导）。

11. 中轴线上主要建筑纵剖面图

神武门　　钦安殿　　坤宁门　坤宁宫　交泰殿　乾清宫　　　　乾清门　　　保和殿　　　中和殿　　　太和殿　　　　　　　　　　太和门

67.04　　　　　　　　　　　　　　　　　　　　　　　　　　　　80.82

46.04

建筑艺术

紫禁城宫殿是继承历代宫殿经验而进一步发展的，其特点与历代皇宫相同，均有象征皇帝至高无上的气概，在建筑规模、建筑艺术方面极为突出。从而使这个宫殿建筑群，既有统一的基调，又有富丽多姿的变化。

一、富于变化的空间组合

要建筑的空间组合富有变化，使不同的空间产生不同的视觉效果，定要处理好建筑与建筑、建筑与人的关系。

午门是紫禁城的正门。午门前的御街是通向皇宫的主要街道，也称天街。街的两旁由连檐通脊的廊庑组成了一个狭长而深邃的空间。当人们在漫长的天街上观赏时，两旁的廊庑犹如工整的仪仗队。这种整齐单调的手法，旨在导人直视，步向午门，以增加宫前空间的严肃性。否则，如果把两旁单调的廊庑设计为变化多端、奇光异彩的建筑，则与宫前的肃穆气氛相违，而午门的雄伟、神圣之感也会大为减色。

但进了午门，所处空间突起变化，空间由狭长的天街一变而为宽阔的庭院。庭院周围的门庑也和宫外的不同，都建在一人多高的台基之上。由于周围有高台环绕，更显得建筑物的高大，人们置身其间，顿觉渺小，这是运用对比手法的效果。同时，庭院中心，五座飞虹拱桥和玉带般的内金水河的纵横交织，皎白的石钩栏穿插其间，更抓住了人们的视线。尽管午门内庭院视野广阔，但初进紫禁城的人总是不由自主地给金水桥吸引过去，使注意力集中在庭院中心，这种效果就是艺术的魅力。

进入太和门广场，雄伟壮丽的太和殿呈现眼前，这是紫禁城空间组合的最高潮。太和殿的雄伟，不全在于它单体建筑的高大。太和殿自身，台基面积为 2377 平方米，高度为 26.93 米，仅相当一个普通的八九层楼房高。尽管它是宫中最大的建筑，有着等级最尊贵的重檐庑殿顶，但如无三台的衬托，门庑的陪衬，难以达到如今那种雄伟壮丽的艺术效果。在宽阔的庭院和高大的宫殿面前，所谓天高地广，人自然显得更渺小；皇帝高踞宝座俯望三台下庭院中的人群，越发显得"唯我独尊"的天子威严了。

后三宫与前三殿相比，建筑形制虽大体类似，但体量上则有很大差别。后宫庭院阔度与前朝的相比，相差一倍。但是，主要变化在于空间组合的巧妙运用，前朝和后宫的庭院都是纵向矩形。为了区别二组宫殿性质的不同，在两者间（即乾清门前）建了一个横向的庭院。这种空间变化的处理，给人以关捩的转折感。加以乾清门前陈设的八字琉璃影壁，标明前朝部分已经结束，进入另一性质的空间——内廷。

在空间组合上去区别内廷和外朝，同样采取了对比的手法。除体量面积有差别外，相对外朝布局疏朗，内廷则布局紧凑，以显示后宫深森的特色。

总之，紫禁城建筑的空间组合，具有纵横交错，疏密相间，起伏错落的特点，是中国古代建筑艺术精华的集中表现。

二、富有构造机能的装饰艺术

中国古代建筑中，凡属优秀的建筑装饰都具有两重作用：一是为了构造功能的需要；二是美的欣赏。这两者必须有机地结合起来，才能臻装饰艺术于高水准。

紫禁城宫殿的建筑装饰也多是依照这种原则而设计的，因而其装饰部位多是以结构构件为基础，在实用的基础上进行美术加工，形成了多姿多彩、美轮美奂的建筑装饰。

首先，宫门前纵横成行的门钉金光灿烂，就给人以庄严富贵之感，因而门钉乃成为宫门上的重要装饰物。每扇大门装九九八十一个门钉。其实，早期的门钉是为了固定门板和横带而设的，唐代佛殿南禅寺的大门由于门扇背后有五条横带（宋朝称为幅），所以在门板上钉着五行大帽铁钉。紫禁城的门钉钉帽较为突出，都是以铜铸的，上面鎏金，分外引人注目。

其次是殿堂的屋顶。屋顶最高峰的两端和屋檐的四角，都有吻兽等装饰物。正脊的垂脊的交接点，安装大吻，因而屋脊两端的大吻既是构造上的需要，又是装饰构件，使屋面轮廓出现变化而避免呆板与单调的气氛。

屋面上的垂脊坡度较陡，容易下滑，是建筑结构的薄

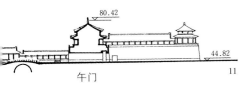

午门

0 1 7

弱环节。为了解决垂脊滑坡的问题，在垂脊下端钉有铁桩，钉入正心桁上。上面安放垂兽，把铁桩扣盖住，所以说垂兽也是有结构功能的装饰物。

再次，房屋的檐椽是担当屋面荷重的挑檐构件。在近代新建筑中，多用封檐板把椽子遮挡掩饰。但中国古代木构建筑的许多地方，不仅对结构构件毫不掩饰，而且加工上令人悦目的图案花饰，增加了建筑装饰艺术。紫禁城宫殿中的圆椽多画"龙眼宝珠"、"虎眼宝珠"或"圆寿字"等；方形的飞椽多画"卍字"、"金井玉栏杆"或"栀子花"等。在重点建筑的"椽肚"上，做沥粉贴金的灵芝、卷草等装饰，突出了金碧辉煌的气派。三大殿、后三宫的椽子和飞头就是这种做法。

另外，雄伟壮丽的"三台"石雕艺术的设计也是依照实用功能和装饰艺术相结合的原则。每层台上周边的玉石栏杆是为了防止人在行走时坠下所装置的安全措施，每块栏板之间用突出的望柱作为衔接构件，望柱和栏板的两端凿出沟槽状的榫卯，同时在艺术上使纵横线条错落有致。望柱下伸出的石雕螭首，作用是把台上的雨水喷得远些，以免泥水洇污洁白的须弥座。这项设计不仅在承托起三大殿雍容华贵的气派，而且在功能上、艺术上都有特点。晴天，日光的照射下，层层叠退的白石座上千百个清晰的螭首的投影，犹如一幅色彩明快的水彩画；雨天，三层螭首的千龙吐水，胜似喷泉，更蔚为奇观。

紫禁城宫殿装饰艺术的特点是敢于暴露结构，不做遮掩，而且利用结构构件进行艺术加工供人欣赏。因而三台的排水方法不用暗管而用千龙喷水的办法供人欣赏。其他如柱头上的雀替、斗栱、霸王拳等都是具有结构功能又有雕刻艺术的装饰构件。

12. 门钉

阴阳五行学说在紫禁城宫殿中的体现

中国古代的阴阳五行学说产生很早，著名的医学典籍《黄帝内经》中称"阴阳者，天地之道也"，认为一切事物都应分析为互相对立、互相依存的阴阳两面。譬如：方位中的上与下、前与后，数目中的奇数与偶数、正数与负数等，均由两种属性所组成。它把上方、前方、奇数、正数归纳为"阳"，下方、后方、偶数、负数归纳为"阴"，认为在复杂的万物中，每样事物都包含着阴与阳的对立统一，所以《黄帝内经》中把阴阳二字看成是"万物之纲纪也"。

紫禁城的设计中也可体现到阴阳之说的运用。在紫禁城的外朝和内廷两大部分中，外朝属阳，内廷则为阴。因此外朝的主殿布局采用奇数，称为五门、三朝之制。而内廷宫殿多用偶数，如两宫六寝，两宫即乾、坤两宫（交泰殿系后来增建的），六寝即东西六宫，都用偶数，就是这个原因。

阴阳学说中还有"阳中之阳"与"阴中之阳"之说。太和殿为"阳中之阳"，乾清宫则为"阴中之阳"，因而这两座大殿既有相同之点，又有相异之处。屋顶均用重檐庑殿式，室内天花正中均装有藻井，殿前均设御路，丹墀上均陈设日晷、嘉量等，这是"阳中之阳"与"阴中之阳"的共同点。但是外朝与内廷又有所区别，如乾清宫前半部的基台用须弥座和白石钩栏，而北部则为青砖台基，上面不用钩栏而用低一等级的琉璃灯笼砖。这与外朝白石三台迥然不同。这就是"阳中之阳"和"阴中之阳"的区别。

古代建筑的设计，不仅取用了阴阳之说，还运用了五行之说。

"五行"二字在《尚书·甘誓》篇已有记载。《周书·洪范》篇中更具体地说明了五行的性质，并列出其次序——水、火、木、金、土。"五行"是人们在生活实践中把最常接触的物质分析归纳为五大类。如方向中有东、南、西、北、中五方；色彩中有青、黄、赤、白、黑五色；音阶中有五音，人体中有五脏，以及其他五味、五谷、五金、五气等。为清眉目，现将五行和建筑有关的主要事物列表于下：

五行类别 具体事物	木	火	土	金	水
方位	东	南	中	西	北
五气	风	暑	湿	燥	寒
生化过程	生	大	化	收	藏
五志	怒	喜	思	爱	恐
五音	角	征	宫	商	羽
五色	青	赤	黄	白	黑

上表五色中的青色即绿或蓝色，为木叶萌芽之色，象征温和之春，方位为东，所以紫禁城东部的某些宫殿，如文华殿原为太子讲学之所，所以以前用绿色琉璃瓦顶，明嘉靖时因用途改变，才改用黄顶。清代乾隆年间所建的南三所，系皇子的宫室，由于幼年属于五行中的"木"，生化过程属于"生"，方位在东方，故用绿色瓦顶。而太后、太妃的生化过程属于"收"，从五行来说属于"金"，方位为西，所以从汉代开始，把太后宫室多放在西侧。历代宫殿的建筑均沿袭这个布局。紫禁城宫殿中的寿安宫、寿康宫、慈宁宫，都布置在西部，也是依照这个理论营建的。

与紫禁城同时建成的社稷坛，体现五行中的五色最为明显。它不仅在基坛上做出表现方位的五色土，而且坛的四周矮墙也按五行中的颜色做出各色的琉璃瓦顶，东方为青蓝颜色，南方为赤色，西方为白色，北方为黑色，中央为黄色。这样布置体现了古代五行中方位和色彩的关系。

阴阳五行学说如用符号来表示："—"代表阳，把—折为二，即"— —"代表阴，用这两种线段排列三行，可以组合为八种形式，用以表示八种方位，同时还可以表示自然中的天、地、水、火、山、泽、风、雷八种现象。以八个符号为基数，还可以排列出八八六十四种组合。因此把这个记录符号称为"八卦"。八卦的八个方位（乾、坎、艮、震、巽、离、坤、兑）比五行的四个方位（木、火、金、水）增加了四个斜角方位，即所谓四正四偶，合为八方。风和水本来是建筑设计中所要考虑的课题，从日照、风向安排建筑朝向，尽量做到冬季背风向阳，夏季逆风纳凉，才是好的方位。所以在相地时多选择背山面水的环境。紫禁城的形胜也是如此。从宏观规划来说，北京北依太行（燕山），东临沧海（渤海），北高南低，对日照与排水都极有利。以紫禁城自身而言，北部地平要较南部高1米多，为了使宫殿前后出现背山面水的形胜，在城后堆出万岁山（景山），在城前挖引为金水河，既美化了宫前环境，又利于排泄雨水。这是和中国古代建筑中重视水的来龙去脉的环境设计思想是相符的。那就是在风水上要求水来自乾方，出自巽方。因此紫禁城里的内河才自西（乾方）引入，沿内廷宫墙之外的西侧逶迤南行，至武英殿西侧转向东行，进入外朝的太和门的前方，

13

顺序号	名称	简捷画法	表示自然物	表示方位
1	乾	乾三联	天	西北
2	坎	坎中满	水	正北
3	艮	艮覆碗	山	东北
4	震	震仰盂	雷	正东
5	巽	巽下断	风	东南
6	离	离中虚	火	正南
7	坤	坤六段	地	西南
8	兑	兑上缺	沼泽	正西

14

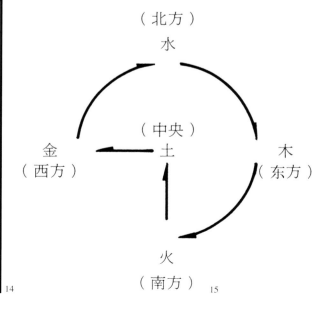

15

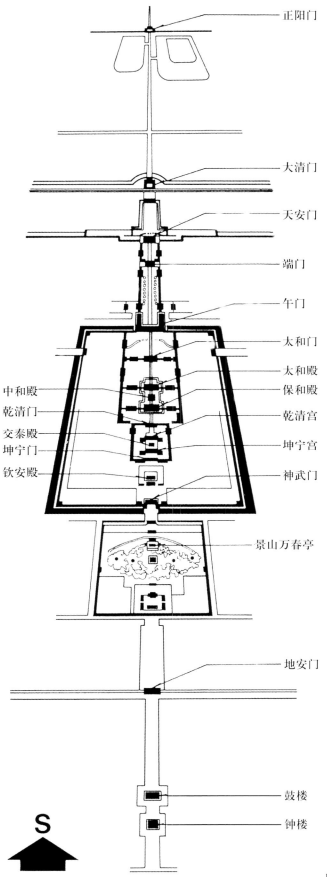

正阳门

大清门

天安门

端门

午门

太和门

太和殿

中和殿　　　　　　保和殿

乾清门　　　　　　乾清宫

交泰殿

坤宁门　　　　　　坤宁宫

钦安殿　　　　　　神武门

景山万春亭

地安门

鼓楼

钟楼

S

18

自西向东而行。其出口在紫禁城的东南，属于八卦中的巽方。这条河的命名也与五行相联系，五行中金为西方，又因这条河位于紫禁城内，因此称为内金水河。

五行学说中的五色、五志和紫禁城中的建筑色彩也有很大联系。在五行学说中赤色象征喜，所以紫禁城的宫墙、檐墙也都用红色，宫殿的门、窗、柱、框也一律用红色，而且是银朱红色。坤宁宫的室内红色更为鲜明，朱红壁板上的"囍"字用沥粉贴金。可见紫禁城建筑色彩的运用受五行学说的影响之深。此外，在建筑上能够使用朱红颜色的就只有亲王府邸和寺庙了。而平民建筑的门柱多油黑色，只是在过年时贴红对联，结婚时用红喜字、红信笺、红服饰而已。

紫禁城南门——午门，不仅城台外墙、柱桓门窗为红色，其彩画也与众不同。一般的彩画，由于与下架油饰的赤红暖色对比，在檐下多用青绿的冷色，而午门位于紫禁城的正南方，从五行方位上属于火，所以午门用以赤色为主"吉祥草三宝珠"的彩画。根据正北方向，相应五行中属水的说法，而把紫禁城中最北面的建筑装饰，即钦安殿后面正中的钩栏板雕为波涛水纹，其他仍为穿花跑龙。

其次，五行中的黄色处于中央戊己土的部位，而五行中的土为万物之本，金黄颜色象征富贵，所以帝后的服饰也多用金黄色。清代以"黄马褂"赐给功臣，作为最高嘉奖；绝大多数宫殿的瓦顶也皆以黄色釉瓦葺之，也是这个道理。

紫禁城主要建筑

城 池

紫禁城，是明、清两代京城皇城内的宫殿，平面呈长方形，南北长961米，东西宽753米，周围广袤3428米，占地面积达72.36万平方米。

紫禁城的城池，包括城垣、城门楼、角楼、护城河和一些守卫房舍，防卫设施严密、牢固。

紫禁城的城垣，高7.9米，底面宽8.62米，顶面宽6.66米，上下有明显的收分。顶部外侧筑有雉堞，是古代城防的垛口。内侧垒砌宇墙，墙下每隔20米左右留一个返沟道咀，以宣泄雨水。紫禁城的城垣，采用了外包砌城砖，墙心夯土垫实的做法，但又与普通城墙的外皮逐层缩磴不同。它的外皮先用三进城砖做挡土墙，而面砖则干摆灌浆、磨砖对缝，显得平整光滑，精细坚实。每块城垣的面砖，长0.48米，宽0.24米，高0.12米，重达24公斤，共用砖约为1200多万块，都用的是山东临清窑的澄浆砖，质地坚硬。明代嘉靖年间，每块澄浆砖的价钱是白银二分四厘，从山东运到京城还得多加四厘运费，故城垣所耗费，仅面砖一项就需要白银300万两。另外，每工每日只能磨砖20块，摆砌的速度也慢。这1200多万块城垣面砖要比普通城砖的砌筑多费20多万工日。

紫禁城的四面有四座城门，上建城门楼阁。南为午门，北为神武门，东为东华门，西为西华门。每座城门楼下的墩台，都用白灰、糯米和白矾等做胶结材料，十分坚固耐久。墩台的中间，用砖砌出券门；墩台的两侧，各有礓礤路面的马道，转折而上，通达城垣的顶面。

四座城楼中，最壮观的是午门。午门的墩台，平面成整齐的"凹"字形，台高12米。台下正中有三个券门，文武百官从左门出入，皇室王公从右门出入，只有皇帝祭祀坛庙或亲征出入紫禁城时，才使用中央的券门。台的两翼有掖门，所以人们称午门的门洞是"明三暗五"。午门的门楼，建成于明永乐十八年（1420年），重修于清顺治四年（1647年）和嘉庆六年（1801年）。正中的门楼，面阔9间（长60.05米），进深5间（宽25米），在建筑布局中达到了古代殿堂中"九五之尊"的最高等级。上覆重檐庑殿顶，自城台地面到脊吻，高达37.95米。城台上两侧，各设廊庑13间，在门楼两翼向南排开，俗称雁翅楼。在雁翅楼的两端，各设一座重檐攒尖顶的阙亭。整个城台上的建筑，三面环抱，五峰突出，高低错落，主次相辅，气势雄伟，有"五凤楼"之称。午门前，有一个很大的广场，每遇皇帝颁朔（每年十月初一颁发第二年的历书）宣旨及百官常朝，都聚集于此。国家征讨，凯旋还朝进献战俘时，皇帝还亲临午门受献俘礼。

神武门是紫禁城的北门。明永乐十八年建成的时候，名曰玄武门。到了清代，因为同康熙皇帝玄烨"名讳"，而改名为神武门。门楼五楹，重檐庑殿顶，内陈钟鼓，用以起更报时。清代每逢大选秀女，都在神武门内进行。

紫禁城东西两侧，分别是东华门和西华门。门外置下马碑，镌刻有"至此下马"的满、蒙、汉、维、藏五种文字。东华门，平时是朝臣及内阁官员进出宫城的地方，除了皇帝的殡宫、神牌经此门出入外，皇帝一般不使用它。皇帝和后妃由京西范围还宫，走的是西华门。

紫禁城城垣上四隅，各矗立一座角楼。在古代城堡中，角楼是供登临瞭望的防卫性建筑。但明、清时期紫禁城上的角楼，装饰意义比较大。角楼的中央，是一个三开间的方形亭楼，四出抱厦，顺城垣方向的两面要比城垣转角尽端的两面伸长一些。这样既富于平面布置的变化，又同城垣的地位相协调呼应。从立面造型上，角楼模仿的是宋画中的黄鹤楼和滕王阁，结构精巧，在最顶部十字脊镀金宝顶以下，有三层檐，七十二条脊，上下重叠，纵横交错，造型玲珑。

紫禁城城垣的外围，有一条52米宽的护城河，深达6米，陡直的驳岸都用条石垒砌，因此俗称为筒子河。清代，在东、西、北三面的护城河内侧，还建有守卫围房732间，警卫森严，一般人无法接近。

19. 清代进出紫禁城之腰牌

20. 宋画《黄鹤楼图》

21. 宋画《滕王阁图》

22. 神武门外望景山（1900年摄）

23. 午门外景

24. 从景山南望紫禁城宫殿
25. 1900 年时紫禁城外观

24

25

26. 午门正面

27. 午门雁翅楼回廊

　　午门是紫禁城的正门，建于明永乐十八年 (1420 年)、顺治四年 (1647 年) 重修。午门左右城墙向前伸出成凹形，它是以一座重檐九间的正楼和东西各两座阙亭相连而成，形如雁翅、俗称五凤楼。

　　清代每逢战争凯旋，皇帝要御午门举行受俘礼。并规定每月初五、十五、二十五日是常朝的日子。是日，如皇帝御殿，群臣在太和殿前行礼、奏事。如皇帝不御殿或不在京，王公大臣到太和门外、王公以下的官员只在午门前御路两旁分东西班坐班，如果没有大事，纠仪官查过班后，王公等从午门出来，大家即可散去。

28.南望午门城楼

午门共有五个门洞，当中的正门，只有皇帝才能出入。皇后在成婚入宫时可以走一次，再是殿试的时候，宣布中了状元、榜眼、探花三人出来时走一次。宗室王公、文武官员只能走两侧门。东西两拐角处左右矩形洞，平时不开，只有在大朝的日子，文东武西，分别由掖门出入。再是殿试文武进士，按会试考中的名次，单数走左掖门，双数走右掖门。另外，明朝廷处罚廷杖大臣即在午门前的御路东侧举行。

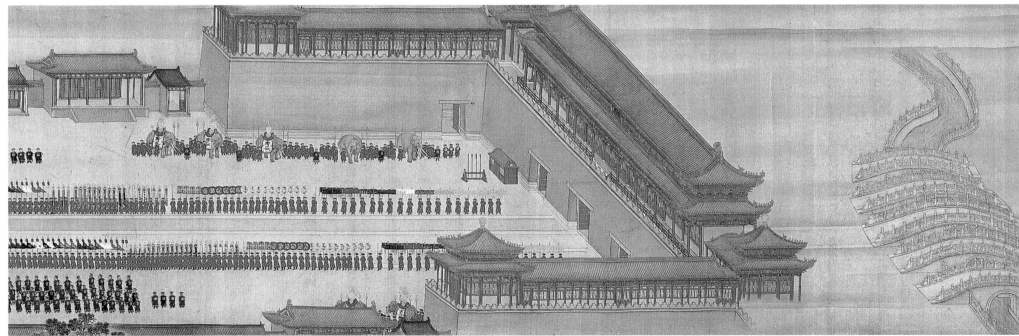

29.《康熙南巡图》局部（清·王翚等绘，故宫博物院藏）

康熙在位61年间，曾六次巡视江南。王翚等绘制的《康熙南巡图》是第二次南巡的记录。第二次南巡是在康熙二十八年(1689年)正月初八起程离京，二月初九日到达浙江杭州，三月初九日回到北京。《康熙南巡图》共十二卷，第十二卷是描绘康熙南巡归来回京进宫的盛况。

画卷首先是"瑞气郁葱，庆云四合"的太和殿，接着是太和门、金水桥和午门。整个紫禁城内，除太和门前有30余人侍候着一顶乘舆外，别无其他人物。寂静、空阔的情景，更显得皇宫的肃穆。午门之外至端门内，整齐地排列着四列队伍，前面两列是卤簿，后面两列是在京各部院王公大臣，等候康熙归来。

30. 神武门正面

神武门是紫禁城的北门，建成于明代永乐十八年（1420 年），原名玄武门，清代康熙年间重修后改名神武门。

门楼内原有钟鼓，与钟楼和鼓楼相应。黄昏后钟楼鸣钟 108 声，而后起更，起更敲鼓，打钟击鼓至次日拂晓复鸣钟，每日钦天监派员上神武门楼上指示更点。清代选秀女时，应选女子都进出神武门。

31. 神武门慢道（俗称马道）

神武门内墩台的两侧有通道，由地面转折而上，是通向城楼和城垣顶面的交通要道。紫禁城的城垣、城楼、角楼都是防御性的建筑物，为了车马护军通行方便，通道不用阶梯式踏跺，而是将大城砖砌筑成斜面锯齿形礓碴式坡道路面。

32. 下马碑

东、西华门都立有这样的下马碑。是高约 4 米、宽约 1 米的石碑。碑身正背面镌刻满、蒙、汉、维、藏五种文字，汉字是"至此下马"。另午门的左、右阙门外也各有一座下马碑，碑身正面镌刻汉、满、藏三种文字，汉字是"官员人等至此下马"八个楷体。到达下马碑前，文官下轿，武官下马，不得逾越，然后毕恭毕敬地步入门去。这种规定是皇宫门卫森严、皇权至上的一种标志。

33. 东华门

34. 外望角楼

紫禁城四隅各有一座角楼，作为瞭望警戒之用。角楼平面呈曲尺形，屋顶是三重檐（三滴水式）。上层檐由四角攒尖顶和歇山式顶组成，四面亮山，正脊纵横交叉，中安铜镀金宝顶。中层檐采用抱厦和亮山相互勾连的歇山顶。下层檐采用半坡顶的腰檐，多角相连的屋顶。角楼屋顶用七十二条脊相衔接，形成纵横连贯，多角交错，造型复杂而美观。而且建筑在沉实、简单、长且平的城墙上，外观显得上浮下紧，颜色则下素上彩，这种对比的配置，更增加了角楼的气势，是中国古代建筑艺术的杰作。

35. 角楼正面近景
36. 角楼局部

紫禁城主要建筑

37. 从紫禁城城墙望景山

38. 外望护城河

　　高大的城垣，宽深的护城河是紫禁城卫护的重要设施。紫禁城背后的景山，成为紫禁城的屏障。明、清两代紫禁城四门都有重兵拱卫，昼夜把守。在护城河内侧和城垣外墙之间，建立守卫系统。明在紫禁城四周砌筑看守红铺40座。清中叶后，靠近护城河内侧面向紫禁城，分四组建有连檐通脊的守卫房舍736间。紫禁城不仅在城外有巡更制度，在宫内也划分几个大的区域进行摇铃或传筹巡更。

外 朝

外朝，是明清两代皇帝办理政务、举行朝会的场所。以坐落在紫禁城中轴线上的三大殿和左辅右弼的文华、武英殿为主体，再包括沿城墙南缘的办事机构内阁以及档案库、銮仪卫等大库。

三大殿，是太和殿、中和殿和保和殿的合称。它们占据了紫禁城中最主要的空间，面积达 8.5 万平方米，在建筑设计和艺术构思上，以其宏伟的规模、威严的气势、富华的装修和神秘的色彩，成为紫禁城中最突出的建筑群。

三大殿的前引，是太和门。它面阔九间，进深四间，是紫禁城中最雄伟高大的一座宫门。明代，皇帝有时在这里受理臣奏，下诏颁令，称为"御门听政"。每当皇帝出紫禁城午门，也先由宫里乘舆到此，而后改乘銮辇出城。清朝入关后的第一个皇帝于顺治元年（1644 年）九月进入紫禁城不久，在这里颁布了大赦令。

太和门的左右有昭德、贞度二门，同东西两翼的协和、熙和二门及南面的午门用连排的庑房相互联系，围成一个 2.6 万平方米的广场。广场上清澈的金水河自西蜿蜒而东，上架五梁虹桥，桥侧与河畔砌有洁白的汉白玉栏杆。

三大殿依次修建在同一个高达 8.13 米的台基上。台基上下重叠三层，俗称"三台"。每层都为须弥座形式，上有汉白玉栏杆。每根望柱头上都雕有精美的云龙和云凤纹饰。每根望柱下的地栿外侧，伸出一个叫"螭首"的兽头。一到雨天，三台上的雨水从数以千计的螭首唇内喷出，层层叠落，形成一幅千龙喷水的奇景。

三台的平面，呈"工"字形，面积达 2.5 万平方米。前后阶陛中间设有雕刻龙云的御路石，其中以保和殿后的御路石最长。它用一整块长 16.57 米、宽 3.07 米、厚约 1.7 米的青石雕刻而成，重达 250 多吨。在三台南部，太和殿前的丹墀上，陈设了许多雕铸品。其中，日晷是古代的计时器，以带刻度的圆石盘上的铜针的阴影来指示时辰；嘉量里存放着古代容积的综合标准量器——斛、斗、升、合、龠；铜铸的龟和鹤，在古代被认为是祥瑞的动物，象征江山永固和太平，并称颂皇帝万寿无疆。在龟和鹤的腹内，

还可以燃香，烟从口唇吐出，构造巧妙精细。

由于太和殿是明、清两代皇帝举行朝政大典的主要活动中心，皇帝登极、万寿、大婚、册立皇后，都在这里行礼庆贺。所以在建筑设计上用重点突出的手法，极力表现其尊严高贵，这在我国古代建筑中是与长陵棱恩殿规模相似，无独有偶的最大的木构建筑。太和殿面阔 9 间，外加侧廊计 11 间，其柱中的通面宽 60.01 米，进深 5 间，达 33.33 米，建筑面积（按台基算）约 2377 平方米，全高 35.05 米，是全国古建筑中开间最多，进深最大，屋顶最高的一座宫殿，比正阳门还要高出 1 米多。殿的立面采用了重檐庑殿顶，它是我国木构建筑的一种最尊贵的屋面形式。殿的斗栱为单翘三昂，也是我国木构建筑中出跳最多的。屋面上的走兽数，一般最多的为九个，这里又增加了一个"行什"，成为全国檐角走兽最多的孤例。殿的装修，采用金扉、金琐窗。殿的正中是镂空透雕的金漆基台与宝座。正对宝座上方，是雕着口衔宝珠的蟠龙藻井，其余全是金龙图案的井口天花。宝座后面有屏风和羽翟，宝座两侧有六根盘龙大金柱，金碧辉煌，光彩夺目。

中和殿位于太和殿后，是皇帝亲临太和殿大典前暂坐之处，在此翻阅表文诏书，接受内阁、内务府、礼部和侍卫等执事人员的跪拜行礼。它的四面均为 5 间，成正方形，单檐攒尖顶，上具鎏金宝顶，建筑轮廓甚为奇特。

三大殿最后面的一座是保和殿，在清代是皇帝宴请王公、举行殿试的地方。在建筑设计上，它采用了沿续宋、元建筑的"减柱造"法式，省去宝座前的六根金柱，争得较为开阔的空间。屋顶为重檐歇山。殿内装修、陈设偏重丹红色，呈现一派荣华富贵的景象。

三大殿前后起伏，变化有致，又有太和门做引导，同时在院落空间的建筑组合设计上，也颇具匠心。三大殿的四周，都用门庑环绕，四角是重檐歇山顶的崇楼，殿前有体仁阁、弘义阁，左右陪衬，对称齐整。太和殿前是一个宏大的广场。遇到朝典，皇帝升殿，其余的人只

能候立在太和殿外。丹陛上跪伏的是亲王，丹墀下沿御路两旁的十八对刻有官阶的品级山后，是文武官员列队跪拜行礼的地方。称作"卤簿"的仪仗队伍，则从太和殿前向南，往太和门、午门、端门，一直排列到天安门外。

在三大殿这一组建筑群的左右，又建有文华殿和武英殿。这两座大殿都是工字形的平面，单檐歇山顶，左辅右弼，拱卫着三大殿。

文华殿是皇帝举行经筵的宫殿。举行经筵前一天，皇帝到文华殿东的传心殿向孔子牌位祭告。经筵当天，再从乾清宫乘舆入文华殿升宝座，听讲官进讲。

武英殿在明代是皇帝斋居和召见大臣的宫殿。明末农民起义领袖李自成进入北京后，在这里办理政务。清代乾隆年间，这里成为宫廷修书、印书的地方。所印的书，称为殿本书。

武英殿之南，有三间歇山顶的小殿，即南薰殿，是存放历代帝王像的地方。这座小殿不仅有明代的木构架与天花藻井，而且保留了明代的彩画，是建筑史上很有价值的实物资料。

43. 太和门广场及内金水桥

　　午门内，在规制严整的庭院中，一条玉带形的内金水河从西向东流过，跨过雕栏玉砌的内金水桥，迎面便是雄伟的太和门。太和门明初称奉天门，后称皇极门，清初才称太和。现所见的太和门是清光绪年间重建的，全高23.8米，是紫禁城内最大、最高、装饰最华丽的门。

44.《皇帝法驾卤簿图》(清嘉庆年间绘制,
故宫博物院藏)

卤簿,是皇帝的仪仗队。其制度累代相沿,每有增补,以唐、宋时期最盛。宋神宗时,皇帝的大驾卤簿,用人多至 2.2 万余名。清朝卤簿,承袭明制,虽有所削减,但康熙时也约用 3000 多人。清朝前期,卤簿制度有所变动,至乾隆初年才固定下来。据《大清会典》规定,皇帝的仪仗称卤簿,皇后、皇太后的称仪驾,皇贵妃、贵妃的称仪仗,妃、嫔的称乐仗。皇帝卤簿有四种,一是大驾卤簿,规格最高,其次是法驾卤簿、銮驾卤簿和骑驾卤簿,各有不同用途。朝会是清代宫廷中一项最为隆重的典礼活动。在举行朝会仪式的清晨,由銮仪卫把法驾卤簿陈列太和殿前。法驾卤簿由 500 多件金银器、木制的斧、钺、爪、戟等武器,以及伞、盖、旗、麾等组成,排列起来,非常壮观。

此图为嘉庆时宫廷画家所作,为长卷画。所陈列卤簿从天安门起,经端门、午门直达太和殿前。这是其中午门至太和门的一段。

45. 太和门正面
46. 黄昏时分的太和门

明朝规定,文武官员每天拂晓,到奉天门早朝,皇帝也亲自来受朝拜和处理政事,叫"御门听政"。景泰年间,还规定有午朝,在奉天门东庑的左顺门(今协和门)举行,门南即内阁办事的公署。左顺门对面的右顺门,明代也是百官奏事之所。清初,皇帝也曾在太和门受朝、赐宴,但"御门听政"则移至乾清门。在清代,太和门东庑为稽察钦奉上谕事件处,内阁诰敕房和内阁办事地方;西庑为翻书房、起居注馆和膳房库。

44

47. 黄昏时太和门前的铜狮

48. 太和门前两座铜狮之一

　　紫禁城内陈设铜狮子，不仅显耀宫廷的
豪华，而且用以显示封建君主的"尊贵"和
"威严"。这些铜狮分散在六处，每处都是一
对。这六处是太和门前、乾清门前、养心门前、
长春宫前、宁寿门前和养性门前。六对铜狮
子以太和门前的一对最大，但没有鎏金，其
他五对是鎏金的。铜狮造型生动、栩栩如生。

49. 太和门明梁及天花

50.前朝三大殿全景

　　太和门里的太和殿、中和殿、保和殿通称前三殿，或三大殿，是外朝的中心区域。三大殿的平面组合，各以太和殿和保和殿为主，运用传统一正两厢合为一院的组合原则，围成两个封闭的庭院，各有其独特之处。但由于保和殿和太和殿同立于一个崇高广大的工字形石陛上，两殿各在一端，在工字之中加上较小的中和殿，使三大殿凝成一体，使人在感觉上不似在四合庭院之内。

　　三大殿的造型艺术也是非常讲究的。一首一尾的太和、保和二殿都是矩形平面，而中间布置一个较矮小的方亭——中和殿，成马鞍形，在平面上调剂两个矩形平面的呆板，同时在重檐庑殿和重檐歇山两殿间出现单檐四角攒尖的鎏金宝顶，使三大殿造型不同、高度有别，兼且高低错落的曲线，在立面上收到丰富多姿的效果。

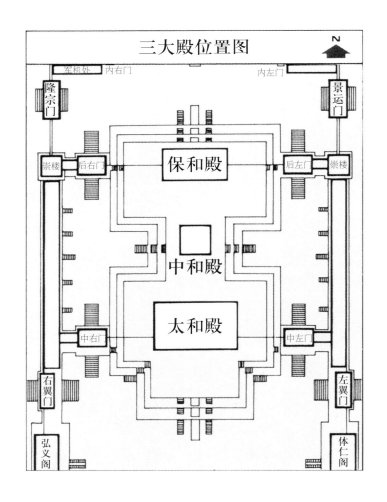

51. 太和殿正面全景

52. 太和殿匾额

　　明初称奉天殿，嘉靖年间改称皇极殿，清初又改名太和殿。太和殿是紫禁城内的最大的殿堂，也是全国木结构古建筑中规格体制等级最高的建筑。

　　明、清两朝盛大的典礼都在这里举行。主要包括皇帝即位、皇帝大婚、册立皇后、命将出征，以及每年元旦、冬至和皇帝生日三大节等，皇帝均在这里接受文武百官朝贺并赐宴等。平时是不使用的。

　　就明朝的元旦朝贺大典来说，场面很大。当日天亮以前锦衣卫、教坊司、礼仪司、钦天监的有关人员、纠仪御史、鸣赞官（司仪）、传制官及宣表官等要事先进入岗位。大约在日出前三刻时捶一鼓，文武百官在午门外排班站好等候。捶二鼓，由礼部导引入太和殿广场内东西部，面北而立。这时，皇帝穿礼服乘舆出宫，午门鸣鼓，先到华盖殿升座，捶三鼓后，中和韶乐奏《圣安之曲》，皇帝升奉天殿宝座，乐止。然后陛下三鸣鞭（用丝制的长有数丈的大鞭，抖起来啪啪作响），文武百官按正、从九品分十八班站好。各有木牌做标志（清代改用铜铸品级山）。接着丹陛大乐奏《万岁乐》，文武百官行四拜礼，大乐止。接下去便是例行公事的进表、宣表、致词。最后是搢笏（把手里拿的笏板插在腰里）鞠躬。三舞蹈、跪、在场军校等各方面人员一起山呼：万岁、万岁、万万岁！然后百官起立，出笏。再俯伏，丹陛大乐奏《朝天子》，百官四拜，大乐止。中和韶乐奏《安定之曲》，皇帝降回华盖殿，典礼完毕。

53. 太和殿广场上的仪仗墩

54. 太和殿前的铜铸品级山

位于太和门和太和殿之间，是太和殿广场，面积 3 万多平方米，是紫禁城内最大的广场。一条以巨石板铺墁的甬道位于中间，疏朗的广场里，除中间甬道两侧嵌入地面的"仪仗墩"以外，别无其他点缀。由于素平的"海墁"砖地与周围相对较低矮的门庑衬托，更显得广场广阔，中央的太和殿更突出。置身其间，真有一种"天高地宽"的感觉。

清代于太和殿举行重要典礼时，殿前御路两旁各摆设铜铸的品级山十八行，自正、从一品起，到正、从九品止，共七十二座，作为文武百官行礼时应站位置的标志，不得逾越。

仪仗墩砌于广场前墁砖地上，左右各一列，是太和殿举行大典时，仪仗队按墩站班的标志。

55. 弘义阁黄昏

56. 太和殿丹陛上吐烟铜龟

57. 太和殿丹陛上铜龟

58. 太和殿丹陛上铜鹤

　　太和殿前丹陛上陈列有象征江山永固和
一统的铜龟、铜鹤、日晷和嘉量。

　　铜龟和铜鹤的背项有活盖，腹中空与口
相通。太和殿举行盛大典礼时，于铜龟和铜
鹤腹内燃点上松香、沉香、松柏枝等香料，
青烟自铜龟和铜鹤口中袅袅吐出，香烟缭绕，
增加了"神秘"和"尊严"的气氛。

59. 太和殿丹陛上日晷

60. 太和殿丹陛上嘉量

　　日晷是古代的计时器。石座上斜放圆盘，
盘上刻出时刻，中间立铜针，和盘面垂直。
利用太阳的投影与地球自转的原理，看出阴
影指出的时刻。

　　嘉量，铜制鎏金，方形，放在白石亭之
中。这是乾隆九年仿照唐代嘉制的象征性量
器。中间有大斗，两旁有小耳，可以上下使用，
斛、升、合三个量具在上面，斗、合两个量
具在下面。经测量结果，斗的容积为 2.82 升。

56

57

58

59

60

　　殿内面积 2370 多平方米，它的内外装修
都极尽豪华。外梁、楣都是贴金双龙和玺彩画，
宝座上方是金漆蟠龙吊珠藻井，靠近宝座的
六根沥粉蟠龙金柱，直抵殿顶，上下左右连
成一片，金光灿灿，极尽豪华。

　　殿内的镂空金漆宝座及屏风设在有七层
台阶的高台上。宝座上设雕龙髹金大椅，是
皇帝的御座。椅后设雕龙髹金屏风，左右有
香几、香筒、用端等陈设。宝座前面丹陛的
左右还有四个香几。香几上有三足香炉。当
皇帝升殿时，炉内焚起檀香，香筒内插藏香，
于是金銮殿里香烟缭绕，更加肃穆。殿内原
有乾隆所题匾额"建极绥猷"以及左右联，
1915 年袁世凯篡权称帝时拆掉。

　　前三朝和后三宫各大殿上的宝座，都是
坐落在北京城的中轴线上的。

66. 太和殿宝座靠背上的龙头

67. 太和殿宝座龙椅扶手

68. 太和殿宝座靠背

69. 太和殿宝座底座

70. 太和殿宝座

　　宝座椅背两柱的蟠龙十分生动，特别是组成背圈的三条龙，完全服从背圈的用途，而又不影响龙的蜿蜒凌空姿势。椅背采用圈椅的基本做法，座下不采用椅腿、椅撑，而采用"须弥座"形式，这样就兼顾了龙形的飞舞和座位坚实稳重的风格。

71.《光绪大婚图》局部（故宫博物院藏）

光绪（载湉）于光绪十五年（1889 年）与副都统桂祥之女叶赫那拉氏结婚。结婚之前一年，慈禧太后即命筹办大婚典礼，任命内务员外郎庆宽，要他把结婚典礼的仪式按次第制成图册，呈上审阅。这本画册——大婚图，即按清廷皇帝结婚的仪式，将凤舆及仪仗队所经过的地方，一段一段地画出。这是经过太和门时的情况。这些画虽未注明作者，但都是出自当时宫廷画家之手。

在清朝入关后的十个皇帝中，末代皇帝宣统在清亡时，尚不满 6 岁，不能成婚立后。而婚后即位的有雍正、乾隆、嘉庆、道光和咸丰五个皇帝。在紫禁城内举行大婚礼册立皇后的，只有幼年即位的顺治、康熙、同治和光绪四个皇帝。

皇帝由太后和近支王公大臣通过议婚选定皇后，然后再行纳彩礼、大征礼、册立、奉迎礼、合卺礼、庆贺礼和赐宴礼等名目众多的繁缛礼仪。皇帝大婚中最隆重的仪式是册立、奉迎礼。这一天，宫内一片喜气洋洋，各处御道上都是毛毡铺地，门神、对联等，焕然一新。午门以内的各宫门、殿门都是红灯高照、太和门、太和殿、乾清宫、坤宁宫都悬挂了双喜字彩绸。

皇帝大婚耗用的银币财物，真是靡费不赀、无法计算。

72. 中和殿正面全景

73. 中和殿内肩舆

　　中和殿，明初称华盖殿，嘉靖年间称中极殿，清初称中和殿，是正方形殿。明朝大典中它是为太和殿的正式活动作准备的地方，清朝也是如此。此外，明、清两朝皇帝，每年春季祭先农坛、行亲耕礼，在祭祀和亲耕之前，皇帝要在中和殿阅视祭祀用的写有祭文的祝版和亲耕时用的农具。祭祀地坛、太庙、社稷坛的祝版也在这里阅视。另在给皇太后上徽号时，皇帝要在此阅奏书，清朝规定每十年纂修一次皇室的谱系——玉牒，每次修好，进呈给皇帝审阅时有比较隆重的仪式，也在中和殿举行。有的皇帝有时也在此作个别召见或赐食。

72

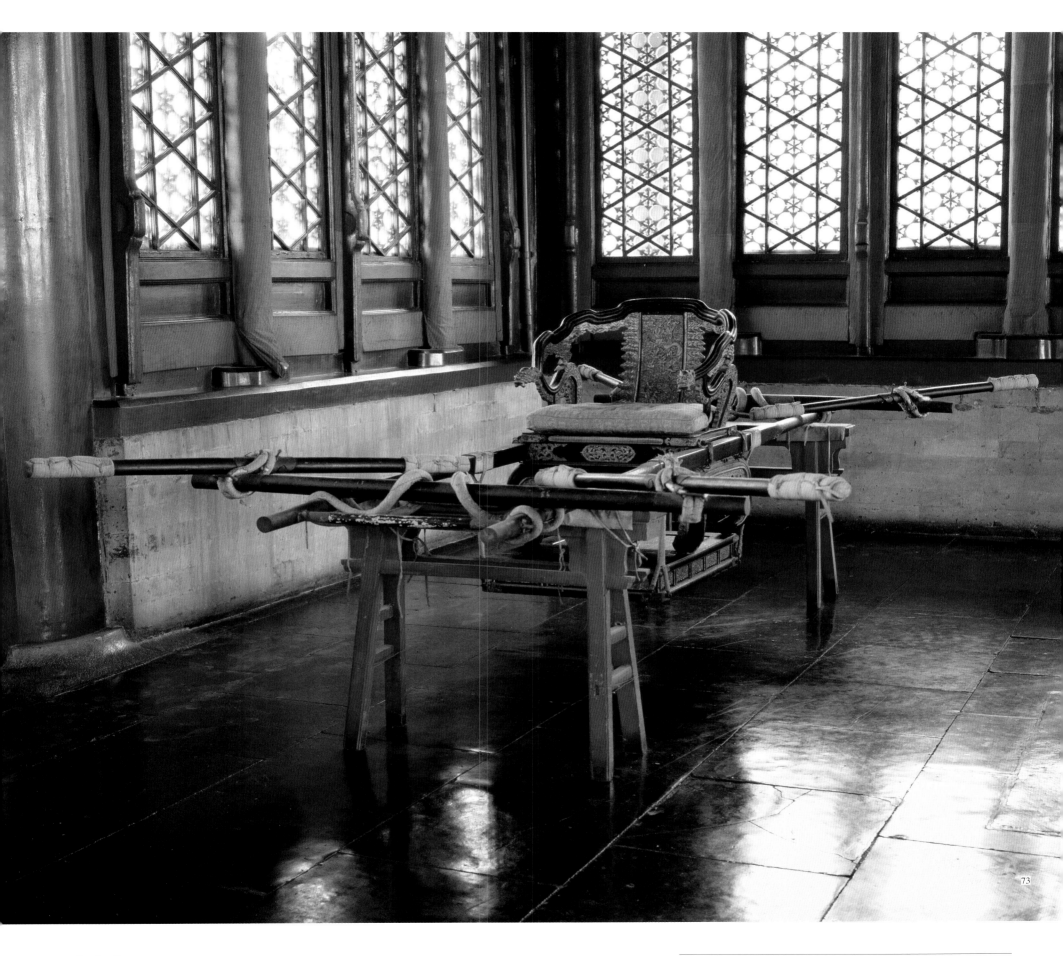

74. 保和殿外景

75. 保和殿内宝座

明初称谨身殿，嘉靖年间改称建极殿，清初改称保和殿。清代常在保和殿举行宴会。也是乾隆五十四年后举行科举制度的最高一级考试——殿试的地方。

保和殿后乾清门前的广场，也叫横街，东西长，南北窄。广场东端的景运门和西端的隆宗门，是进入内廷的第一道禁门。清朝规定，除去值班大臣或皇帝召见的人以外，即使是王公大臣也不许私自出入。允许进入的王公大臣的侍从人员，只能在这两个门外台阶下20步以外站立，不许靠近，戒备森严。

74

内 廷

　　紫禁城的后半部是封建帝王及其家属居住的地方，称为后寝。其中宫殿、园林、楼、台、亭、阁栉比相连，布局紧凑。每座庭院除有院墙门庑环绕外，又用高大的宫墙围成更森严的内部禁区，所以通称内廷。

　　内廷大致可分帝、后的寝宫——后三宫；后妃宫室——东西六宫；清雍正以后的皇帝寝宫——养心殿；太上皇宫殿——宁寿宫；太后太妃宫殿；太子宫室等六组宫殿区。

　　内廷的主要建筑是乾清宫和坤宁宫。由于这两座建筑是帝、后的寝宫，所以建在紫禁城的中轴线上，与外朝的三大殿并称为“三殿两宫”，构成紫禁城的核心。

　　所谓“两宫”，指的就是内廷的乾清宫和坤宁宫。约于明代嘉靖年间，在两宫之间又增建了方形、单檐、四角攒尖的交泰殿，于是后来又有后三宫之称。

　　乾清宫在明代和清初，是封建皇帝居住的地方。这是一座九开间的重檐大殿。自明代永乐十九年（1421 年）建成后，历经明代弘治、正德、嘉靖、万历以及清代顺治、嘉庆等朝的重建和翻修。现在乾清宫的建筑构件大多是清代嘉庆三年（1798 年）重建后的遗物，布局仍是明初初建时的原状。这一区建筑，周围有 40 间门庑环绕，东庑有端凝殿，是收藏皇帝冠袍带履之所。西庑的懋勤殿，是皇帝读书和阅批本章的地方。南庑西端有翰林值班解答皇帝咨询的地方——南书房，东端有皇子读书的地方——上书房，北端的门中还有寿药房、总管太监值班房、库房等。

　　清雍正年间，皇帝移居养心殿，乾清宫改为筵宴宗室王公和接见外国使者的场所。

　　坤宁宫的规模略小于乾清宫，但体制相同，也是重檐大殿，与乾清宫、交泰殿同建在工字形的台基上。明代和清初，坤宁宫是皇后居住的地方。清顺治十三年（1656 年），按满族的习俗，仿沈阳宫殿中清宁宫的形制，把坤宁宫原有的明代菱花隔扇改为窗户纸糊在外的吊搭窗，把中间的正门移到东次间，改为双扇木板门，西侧室内增添了大炕与煮肉大锅，作为崇奉萨满教的祭祀场所。坤宁宫东侧，后来作为皇帝结婚洞房，康熙、同治及光绪帝大婚时，都在这里住过。

　　东、西六宫，分布在后三宫左右，是皇妃的宫室。它们是一些可称作“标准单元”的庭院，每个庭院占地约 2 公顷，由举行接见仪式的前殿、配殿和寝殿组成。各庭院之间有纵横街巷联系：南北走向的一长街宽 9 米，二长街宽 7 米；东西走向的巷宽为 4 米。街的两端设宫门和警卫值班房。各个庭院除了有自己的宫门外，还有东西巷门，南北街门，规划整齐，井井有条。慈禧太后时，为了扩大西六宫的长春宫和储秀宫，把长春门与储秀门拆掉，改建成厅式的体和殿与体元殿，因此现在的这两座宫院，已成为四进院的格局了。

　　这些宫室的名称，前后也有变更，列表如下：

明初原名称	嘉靖十四年改称	明代晚期改称	备 注
咸阳宫	钟粹宫		明初皇太子居处
永宁宫	承乾宫		皇贵妃居处
长安宫	景仁宫		清康熙皇帝生于此宫
长阳宫	景阳宫		清代用来贮藏书画
永安宫	永和宫		瑾妃曾居此宫
长寿宫	延祺宫	延禧宫	仿水晶宫的水殿
寿昌宫	储秀宫		慈禧为贵妃时居处
万安宫	翊坤宫		
长乐宫	毓德宫	永寿宫	
寿安宫	咸福宫		
长春宫	永宁宫	长春宫	
未央宫	启祥宫	太极殿	

养心殿位于西六宫的南面，原是明代所建，清雍正年间重修后，雍正及以后的皇帝都住在这里，成为他们统治人民发号施令的政治中心。殿内正中设宝座。西暖阁是皇帝的书室，有时也在这里召见大臣。再西的套间在乾隆时是贮藏王羲之、王献之、王珣字帖的地方，因名三希堂。东暖阁在同治以后改为召见大臣的场所，慈安与慈禧"垂帘听政"就在这里。养心殿之后为寝殿，相互连接成"工"字形的布局。寝殿两旁的庑房称体顺堂、燕喜堂，是皇帝召来的后妃暂憩之处。

宁寿宫位于紫禁城的东部，俗称外东路，原是明代的哕鸾宫、仁寿宫的位置。康熙二十八年（1689年），重建为宁寿宫。乾隆三十七年（1772年），清高宗对宁寿宫大加扩建，才成为现在的规模，准备退位后，当太上皇时居住。

在皇极门和宁寿门之间是一个宽阔的庭院，周围植有盘曲的古松，气氛风雅。门里的皇极殿和宁寿宫，气魄宏伟，是模仿太和殿、坤宁宫的形制而建的。

宁寿宫的后部以养性殿、乐寿堂为主，位居中路。东有畅音阁、庆寿堂、景福宫一组燕娱建筑，西有古华轩、遂初堂、粹赏楼和符望阁一组园林建筑，构成了太上皇的"小内廷"。

太后太妃的宫室在紫禁城的西侧，通称为外西路，包括慈宁宫、寿安宫、寿康宫等，供皇太后起居之用，太妃太嫔也随居此地。

慈宁宫是明嘉靖十五年（1536年）在仁寿宫旧址上建起来的，万历年间遭火焚后又重建过。那时的正殿是单檐并不太高。清乾隆三十四年（1769年）重建时，才改为重檐庑殿顶，很像坐朝用的大殿。它的后殿里供满佛像，因此又叫大佛堂。周围筑有朝房，对称均齐。

寿康宫前后三进，位于慈宁宫的西面。它的宫殿之间都以"工"字殿的组合方法相互连接，便于起居。

寿安宫在寿康宫的后面，明代叫做咸安宫。现在该宫的正殿的构架还是明代遗物，乾隆三十六年（1771年），

又经过改建。殿前左右连楼相属，殿后有山石、小廊，通向福宜斋和萱寿堂。堂前小院点缀花木，幽静典雅。寿安宫后的英华殿是一座佛堂，殿前有乾隆年间增建的碑亭，碑亭左右长有两棵葱郁茂密的菩提树，整个庭院具有浓厚的宗教气氛。

太子宫室在东、西六宫之后，原是东、西五所，都是皇太子们的住所。从乾隆年间以后，西五所因乾隆幼年住过，升格为宫，在西五所址，建起了重华宫和建福宫。同样，嘉庆皇帝也把原来的住处升格为毓庆宫。在宁寿宫南面建起南三所后，东五所就改为库房了。

76. 清瑾妃像

77. 清西太后慈禧像

78. 坤宁宫东暖阁"开门见喜"

79. 乾清门广场

80. 从保和殿后北望乾清门

　　乾清门，是内廷的正门。清朝，这里是御门听政的地方。御门听政，一般从上午八九点钟开始。听政时，皇帝坐在临时安设在中间的宝座上，起居注官立于西侧，面向东、翰林、科道官（类似负责监察的官）立于阶下西侧，内阁事先传知的各部、院等奏事的官员跪在东侧，面向西。一般例行之事，由一名尚书跪奉奏疏于黄案上，退回原位，跪奏某事，奏毕，由东阶下，以下各官再依次进奏。机要之事，翰林、科道官及侍卫皆退场。大学士、学士升阶跪，由满族内阁学士奉折本跪奏，每奏一事，皇帝即降旨，大学士、学士承旨。御门听政最勤的康熙皇帝，有很多大事都是在御门听政时决定的。咸丰朝以后就没有再举行。

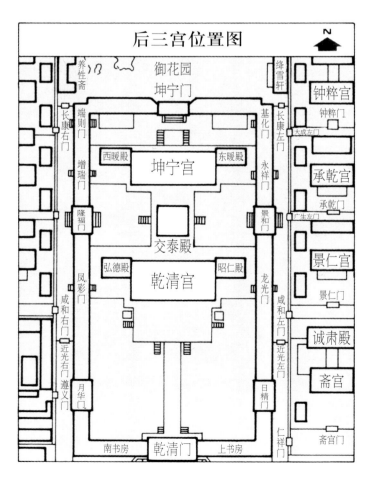

后三宫位置图

81. 后三宫侧照

从左到右，依次为乾清宫、交泰殿、坤宁宫。在乾清门内，称后三宫，是帝后居住的地方。建筑规格和体制上比前朝三大殿略小一些，按传统说法：乾清宫的"乾"代表天，坤宁宫的"坤"代表地，"乾清"、"坤宁"表达了历代皇帝的美好愿望，所以这两个名称，从南京到北京，从明初到清末，一直沿用不改。

82. 乾清宫前的江山社稷方亭

83. 乾清宫前的铜鼎

84. 乾清宫正面全景

　　明朝皇帝的寝宫。皇后也在此居住，其他妃嫔可以按照皇帝的召唤依次进御。后来皇帝也有时在此召见臣工。明代著名的"红丸案"和"移宫案"都发生在此处。

　　清朝入关以后，把乾清宫加以重修，还是做皇帝的寝宫，但是在使用上有了很多改变。顺治、康熙年间，皇帝临朝听政、召对臣工、引见庶僚、接见外国使臣以及读书学习、批阅奏章等，都在这里。雍正皇帝将寝宫移至养心殿以后，这里主要就成为内廷典礼活动、引见官员、接见外国使臣的地方了。

85. 乾清宫内宝座

86. 乾清宫宝座局部

清代皇帝每逢元旦、元宵、端午、中秋、重阳、冬至、除夕、万寿等节日，在这里举行内朝礼和赐宴。

另外在乾清宫，还举行过两次特殊的大宴，就是康熙六十一年（1722年）和乾隆五十年（1785年）的两次千叟宴。皇帝命年在60岁以上的人参加。乾隆五十年的一次有3000人参加。其中大臣、官吏、军士、民人、匠艺等各种人都有，每人还赐予拐杖等各种物品。

皇帝确定继位人的方式，从前大都是先立太子（一般是皇帝的嫡长子），皇帝死后当然继承帝位，也有的是在临死前指定继位人。但清代雍正皇帝鉴于这样做的弊病，就改变了方式，即：事先秘密写继承皇位人的姓名两份，一份带在身边，一份封在建储匣内，放到乾清宫"正大光明"匾的后面。皇帝死后由顾命大臣共同打开身边密藏的一份和建储匣，会同廷臣一同验看所书皇子的名字，即宣布由这个皇子即皇位。不过到清朝后期，咸丰、同治、光绪三朝，由于只有一个儿子或没有儿子而没有采用这个方法。

乾清宫，还是皇帝死后停灵的地方。不论皇帝死到哪里都要先送到乾清宫来。如清顺治皇帝病死在养心殿，康熙皇帝病死在畅春园，雍正皇帝病死在圆明园，都是在乾清宫停灵，按照仪式祭奠以后，再停到景山的寿皇殿或观德殿等处，最后选定时间正式出殡，葬入皇陵。

87. 交泰殿内铜壶滴漏

88. 交泰殿外景

交泰殿，始建于明代。清朝是皇后在三
大节等日子里受朝贺的地方。朝贺时，皇贵
妃、贵妃、妃、嫔、公主、福晋（亲王、郡王、
世子、贝勒之妻）、命妇（有封诰的二品以上
大臣之妻）等都要在这里行六肃三跪三叩礼，
然后再由皇子行礼。

乾隆及以后，这里还一直是存放二十五
宝的地方。二十五宝，是乾隆皇帝规定的皇
帝行使各方面权力的宝玺。其中"大清受命
之宝"、"皇帝奉天之宝"、"大清嗣皇帝之宝"、
满文的"皇帝之宝"，是在清朝入关以前用过
的，其他都是乾隆皇帝按不同用途制作的。

二十五宝中，常用的有指示臣僚的"制
诰之宝"，发布政令的"敕命之宝"，颁发赏
赐的"皇帝之宝"等。这些宝玺由内阁掌握，
由宫殿监的监正管理。用的时候由内阁请示
皇帝，经许可，才能使用。

交泰殿内的铜壶滴漏，陈放在殿内的东
侧，是中国古代的计时器。乾隆以后不再使用，
而用大自鸣钟做计时。

閞雎麟趾立王化之

聖訓昭垂小人道消天
道長以左右民尚慎玉
持盈保泰勿恤其孚
斯年凛懷永圖
乾隆壬辰孟春月之吉
御製并書

無為

交泰殿銘

乾清宮後坤寧宮前殿名

交泰象取地

天不顯

祖

宗奉茲宮殿居正臨宸

明日旦始惟宮壼遂

鄰以御家邦必本脩身

祗循名ム欽責實健

中丽其無逸財成輔

往大來

恒久咸和迓天休而

90. 坤宁宫内洞房
91. 坤宁宫内洞房之喜床
92. 坤宁宫内萨满教祭祀场所
93. 坤宁宫侧面

坤宁宫，明朝是皇后居住的正宫。清朝，按规定也是皇后的正宫，但皇后实际并不住在这里。坤宁宫的装置不同于其他大型宫殿。即正门开在偏东一间，直条窗格，并且是吊窗，殿内明间和西部南、西、北三面是环形大炕，这是因为清朝重修坤宁宫时，按照东北满族的习惯改建的。清宫在这里祭神，每天有朝祭、夕祭，平时由司祝、司香、司俎等人祭祀。大祭的日子皇帝皇后亲自参加。所祭的神包括释迦牟尼、关云长、蒙古神、画像神等，多至十五六个。祭祀时要进糕、进酒、杀猪、唱诵神歌，并有三弦、琵琶、祷鼓、拍板等伴奏。平时每天宰猪4口，春秋大季时宰39口。每年用700多石红黏谷做糕酒，而且就在宫内杀猪、煮肉、做糕，就地吃肉。

坤宁宫内东暖阁，是皇帝大婚时的洞房。清代皇帝康熙、同治、光绪以及宣统在辛亥革命后大婚时，都以这里做洞房。住过三夜之后，就迁居东西六宫中指定的一个宫中去。房中整堵墙均用红漆髹成，悬双喜字宫灯，出入是鎏金页的大红门上也有金色双喜字。门房墙上一幅大对联直落地面。从坤宁宫正门进入东暖阁以及洞房外东侧通路，耸立一座大红地金色"囍"字木影壁，取帝后合卺"开门见喜"之意。

东暖阁靠北墙是龙凤喜床，床上挂着五彩纳纱百子幔，上绣百子图。喜床上铺着厚厚实实的红缎龙凤大炕褥。

93

紫禁城主要建筑

94. 从坤宁宫望御花园

坤宁宫后面是坤宁门，门内周围的廊庑是太医值房、药房和太监值房。出坤宁门就是御花园了。但在明朝初期，坤宁门不在这里而是在钦安殿的后面，即现在的顺贞门，明嘉靖时才改在这里。可见当时的御花园是和后三宫连在一起的。所以当时叫宫后苑。

95. 从内右门北望西一长街

西一长街在后三宫的西面，长街西侧南部为养心殿，北部为西六宫。

94

96. 从玉璧中心洞眼看养心门匾额

97. 养心门外的玉璧

98. 养心门

养心殿，建于明朝，清雍正年间重修。从前，明、清皇帝的寝宫是乾清宫。到清朝雍正皇帝时，因其父康熙皇帝新死，不愿意再住到他父亲住了 60 多年的乾清宫去，就决定住在养心殿为他父亲守孝。但守孝期满后，没有搬动，养心殿就成为他的寝宫和处理政务的地方了。以后清朝各代皇帝一直沿用，好几个皇帝都死在这里。

这座宫殿是工字形建筑，前殿后殿相连，周围廊庑环抱，比较紧凑，前殿办事，后殿就寝，舒适自如。这里与掌握军国要务的军机处距离很近，召见议事较为方便。外院矮小的房屋是太监侍班的地方，官员也可以在此暂候召见。院内的东西配殿是佛堂。

99. 养心门外东值房

养心殿前面，是明、清皇宫的内膳房（外膳房在景运门外）。皇帝进膳没有固定的地方，活动到哪里就在哪里传膳。由于皇帝总是在进膳后办事，所以在宫内进膳多是在养心殿、乾清宫等处。内膳房设在养心殿前是很方便的。

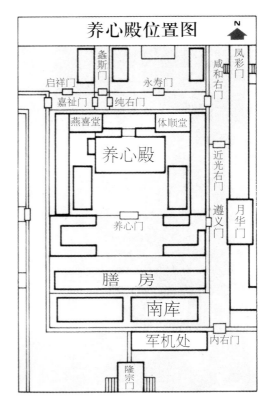

养心殿位置图

98

100. 养心殿前三头鹤香炉

101. 养心门内影壁

102. 养心殿庭院

紫禁城主要建筑

103. 养心殿正殿

104. 养心殿透视图

105. 养心殿正殿一角

养心殿正间，设有宝座，上有藻井，和乾清宫一样，是召见大臣、引见大臣的地方。

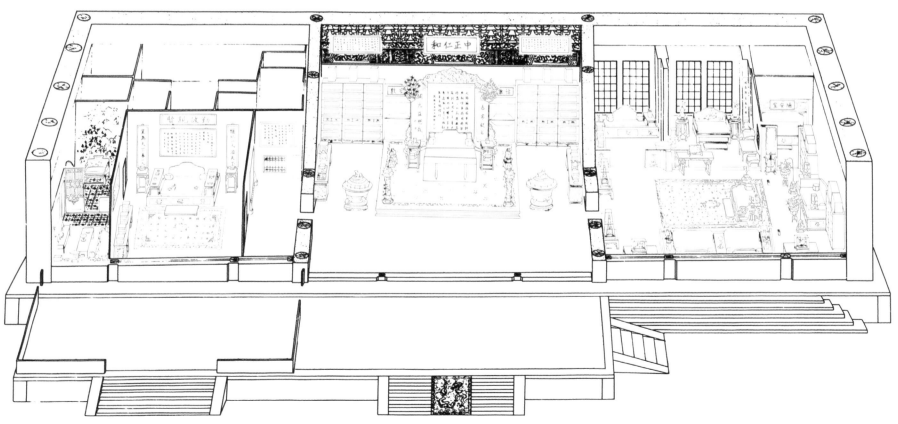

106. 养心殿内垂帘听政处侧影
107. 养心殿内垂帘听政处

养心殿内的东暖阁自清雍正以后是皇帝召见大臣商议国家大事的场所。清朝末年，慈禧（叶赫那拉氏）曾在此垂帘听政。清咸丰十一年（1861年）她通过政变上台，历经清同治、光绪两朝垂帘，统治中国达48年之久。现在这里的宝座、陈设和装修，是光绪时期的原状。小皇帝坐在前面宝座上，慈禧太后坐在后面的宝座上，中隔黄纱帘。

106

107

108. 养心殿东暖阁北间

109. 养心殿西暖阁

110. 养心殿内三希堂

111. 养心殿三希堂外间

　　东暖阁东侧为斋戒时的寝宫，而西暖阁
是雍正帝至咸丰帝经常召见军机大臣的地方。

　　与养心殿西暖阁相连的三希堂是由两间
小阁组成，每间小阁只4平方米，但室内装
修十分讲究。隔扇是以楠木雕花窗格中间夹
透地纱做成，外间以蓝白两色几何形图案的
瓷砖铺地。乾隆曾在这里藏有晋代大书法家
王羲之的《快雪时晴帖》、王献之的《中秋帖》
和王珣的《伯远帖》，视为"希世之珍"，因
名三希堂。乾隆皇帝书写的匾额和《三希堂
记》墨迹，至今还挂在墙上。对面墙上的画，
就是当时的宫廷画家金廷标画的王羲之、王
献之、王珣的故事画。在宽阔的大型宫殿之中，
出现这样小小的精舍，是室内装修的一种间
隔手法。这里至今大体保存着乾隆时的面貌。

　　三希堂迎门的西墙上挂着通天连地的《人
物观花图》，是乾隆三十年(1765年)郎世宁、
金廷标合画的。画面上的窗格和瓷砖完全仿
照室内铺地装修。由于运用了近大远小的透
视原理，画面中的景物与室内实景相接而延
伸，骤眼看好像里面还有一间房子。

110

111

112. 养心殿后皇帝寝宫

113. 养心殿后体顺堂东次间

养心殿正间向北是把前后殿连接起来的穿堂，走过去便是后殿——寝宫。寝宫一字儿排开，有五间房。正间正面设坐炕一铺。东次间设有宝座、紫檀长条案，西次间设有紫檀云龙大立柜和坐炕等。东、西两梢间正面均为炕床，即俗所谓"龙床"，此外还有坐炕、桌案等。五间房内的布局大体对称而略有变化。目前养心殿的陈列是按清末光绪时期的样式布置的。

寝宫东面的体顺堂，是皇后在养心殿和皇帝共同生活的寝宫。西面是燕喜堂，是妃嫔们听候召唤的休息室。养心殿后院墙还开有两个小门，东叫吉祥，西叫如意，这就是平时出入的便门了。

114. 储秀宫外景

115. 储秀宫前青铜雕龙

116. 储秀宫前青铜雕鹿

117. 储秀宫内景

　　储秀宫是西六宫之一，原名寿昌宫，明代永乐十八年(1420年)建成，嘉靖十四年(1535年)改名储秀宫。清代曾多次修葺。光绪十年(1884年)慈禧太后五十整寿，耗费白银63万两修缮一新。在十月寿辰时移居于此，住了10年。现在保持的是修缮后的原状。当年慈禧居住储秀宫时，这里有太监20多人，宫女、女仆30多人，昼夜伺候慈禧起居。

　　储秀宫为单檐歇山式建筑，五楹。殿前有一宽敞的庭院，庭院里有两棵苍劲的古柏。殿台基下东西两侧安置的一对戏珠铜龙和铜梅花鹿，也是光绪十年慈禧五十寿辰时铸造的。储秀宫外檐油饰，采用色泽淡雅的花鸟鱼虫、蔬果博古、山水人物、神话故事等为题材的"苏式"彩画。外檐装修有楠木雕刻"万福万寿"、"五福捧寿"等花纹门窗。

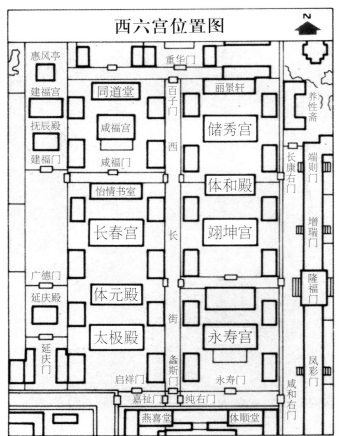

西六宫位置图

118. 储秀宫内摆设
119. 储秀宫内房间
120. 储秀宫内宝座
121. 储秀宫内紫檀八方罩

储秀宫的内檐装修精巧华丽。正间后边为楠木雕的万寿万福群板镶玻璃罩背，罩背前设地平台一座，座上摆紫檀木雕嵌寿字镜心屏风，屏风前设宝座、香几、宫扇、香筒等。这是慈禧平时接受臣工问安的座位。在正间东侧和西侧有花梨木雕竹群和雕玉兰群板玻璃碧纱橱，玻璃内镶大臣画的兰竹，从而与两侧室隔开，显得正间装修严谨。

西侧碧纱橱后为西次间，南窗、北窗下都设炕，是慈禧休息的地方。由西次西进是寝室。它以花梨木雕万福万寿边框镶大玻璃隔断西次间，隔断处有玻璃门，身在暖阁，隔玻璃可见次间一切，隔断而不断。暖阁北边是床，床前安硬木雕子孙万代葫芦床罩，床框张挂蓝缎绣藤萝幔帐；床上安紫檀木框玻璃镶画横楣床罩，张挂缎面绸里五彩苏绣帐子，床上铺各式绸绣龙、凤、花卉锦被。东里间北边有花梨木透雕缠枝葡萄八方罩。这些花罩构图生动，玲珑剔透，制作精细，堪称晚清杰出的木雕艺术作品。

东次间与里间都以花梨木雕作间隔。宫内陈设富丽堂皇，多为紫檀木家具和嵌螺钿的漆家具。陈设品中有精细雕刻的象牙龙船、凤船和祝寿的象牙玲珑塔，有缂丝的福禄寿三星祝寿图，有点翠凤和花卉挂屏，有名贵的黄竹多宝格和花梨木嵌宝石的橱柜、面盆架子等名贵工艺品。

122. 储秀宫廊壁上"万寿无疆赋"

廊壁上"万寿无疆赋"是光绪十年，慈禧五十寿辰时，大臣楷书恭写的阿谀奉迎的颂词。

123. 从长春宫院内戏台看长春宫

长春宫在明朝本是天启皇帝的李妃的住所，清末慈禧太后于同治帝亲政后，曾移居长春宫。院内的戏台是经常为她演戏的地方。光绪及清逊帝溥仪的妃子也都在这里住过。

122

124. 长春宫院内四周廊内《红楼梦》壁画

125. 长春宫内景

长春宫大院走廊四角，用整个墙高作为长度，绘有十几巨幅以《红楼梦》为主题的一组壁画。宫殿内彩槛雕檐，绣薨画栋，缤纷的彩绘上除了图案性的花纹，还夹有很多"开光"式小画幅，山水、花鸟、人物，无不具备。但用如此规模绘制《红楼梦》为主题的大壁画，

是罕见的独例。

这组壁画大概是光绪年间的作品。画笔工细，于毫发不苟中，透出典雅娟秀之气。整幅布局，巨丽精整，深远曲折；从小处看，虽一草一木，笔致细腻，并运用了"透视学"的原理，去表现楼台景物，有立体感。

124

126．太极殿内景

127．太极殿内松竹梅条桌

　　西六宫之一，初名未央宫，因明代嘉靖皇帝的生父朱祐杬（兴献王）生于此宫，所以在嘉靖十四年（1535 年）更名启祥宫。清代又改名太极殿。清末同治帝的瑜妃住在这里。殿前有高大的琉璃照壁，与东西配殿组成了一个宽敞的庭院，在葱翠的树荫下，显得非常静雅。

128．漱芳斋廊子

129．漱芳斋内景

130. 毓庆宫门额

131. 毓庆宫建筑群鸟瞰

　　毓庆宫是清代皇子居住的地方。

132. 景仁宫正面

133. 景仁宫前石屏风上四个石兽之一

134. 景仁宫前石屏风

　　景仁宫是东六宫之一。顺治帝第三子康熙帝出生在这里。乾隆帝、道光帝做太子时，在这里住过，光绪帝的珍妃也在这里住过。

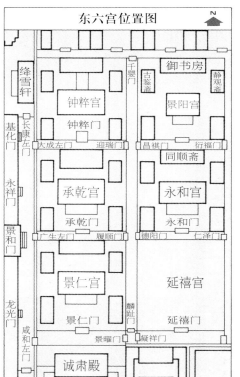

东六宫位置图

132

133

134

135. 慈宁宫外景

136. 东筒子朱车值房

137. 东筒子直街

东筒子西为内廷东侧的宫墙，东为宁寿宫西侧的宫墙。宁寿宫一区建筑，为乾隆帝时修建，准备当太上皇时使用，但他从未住过，一直住在养心殿。慈禧太后60岁生日前后曾以此作寝宫。

138. 皇极殿西庑

139. 养性殿近景

养性殿位于宁寿宫一区的后半部，在养性门内。殿坐北南向，前檐右侧出抱厦，殿内东西间各有室，曲折回环。该殿的结构形式，平面布局和空间组合是仿养心殿建造的，是清代乾隆皇帝准备做太上皇时使用的宫殿。

140. 宁寿门外景

进了宁寿门，便是一条高出地面1.6米、长30米、宽6米的白石甬路，直通皇极殿的月台，自然地将皇极殿前的院落划成东西两部。沿月台、甬道及宫门的垂带踏跺，都围以雕有龙凤纹饰的白石栏杆。皇极殿为九开间，重檐庑殿顶，建筑等级略低于太和殿，屋顶圆和，翼角玲珑，形体壮丽苍秀。东西庑房较为低矮，突出主殿的巍峨。皇极殿内外檐装饰多仿太和殿格式。皇极殿后就是宁寿宫，两殿间有宽阔的石甬道相连。从平面布局看，这是个由甬路贯穿的"王"字形台基，承托着宁寿门、皇极殿、宁寿宫，前后呼应，连成一体。自宁寿门的东西两边建起连檐的庑房，沿院落的周围转折而北，作抄手廊房式与后殿宁寿宫相接，围成了5000余平方米的大庭院。在皇极殿的两山与庑房间筑卡墙，建成东西两座垂花门，又将大院分为前后两个小院。

141. 皇极殿正面

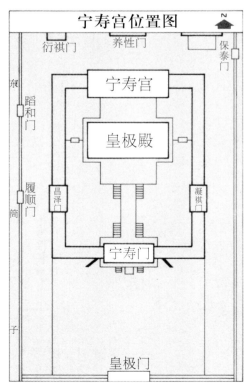

140

141

142. 乐寿堂外景

143. 乐寿堂仙楼

　　慈禧太后 60 岁生日后，住在乐寿堂。

144. 珍妃井

　　清末光绪帝的宠妃珍妃于 1900 年八国联军攻入北京时，被慈禧太后命太监从当时幽禁的景祺阁北小院叫出，推入这口井中淹死，时年仅 25 岁。光绪二十七年 (1901 年) 慈禧从西安回宫后，才将珍妃尸体打捞上来，把井盖盖好。这口井后来就称为"珍妃井"。

145. 乐寿堂西廊法帖
146. 乐寿堂西廊法帖之一

敬勝齋法帖第二十一

御臨鍾繇力命帖

臣繇言臣力命之用以無所立帷幄之
謀而又愚老聖恩伍個待以殊禮天下
之帥土欣戴唯有江東當少留思既
與上公同見訪問昨日讌見復蒙逮及
雖緣詔令陳其愚心而臣所懷腜之事
昔先帝嘗以事及臣遣侍中王粲杜龔
就問臣所懷未盡異益絲髮乞使侍中
與臣議之臣不勝愚款懷~之情謹表
陳聞

园 林

紫禁城中的园林，均系内廷宫殿的附属花园。比较集中的有四处：御花园、建福宫花园、慈宁宫花园和宁寿宫花园。坤宁宫的宫后苑，也就是后宫的御苑，由于清代皇帝皇后自雍正以后迁出后宫，遂称御花园。慈宁宫南专为太后而设的花园称慈宁花园。乾隆皇帝住养心殿，由于欣赏幽静雅致的建福宫，遂在其西侧建立建福宫花园，也称西花园。宁寿宫花园是乾隆皇帝改建宁寿宫时所建的花园，后来也称乾隆花园。这些花园都是宫院跨院的园林，属于皇家园林。但从规模上与三海、圆明园、颐和园等皇家园林迥然不同，既无山野水面的自然条件，又无宽阔豁亮的场地。四个花园的面积仅得 3 万余平方米。每个花园只相当于一个中小型的私家园林。但因处于宫内，属皇家园林，在建筑上别具一格。

御花园明代称为"宫后苑"，建成于明代建造紫禁城宫殿的同时，以后曾不断增修，但仍保持着初创时的基本格局。园中不少殿宇和树石，都是 15 世纪的明代遗物。

全园南北深 80 米，东西宽约 140 米。园内的主体建筑——重檐盝顶的钦安殿，坐落在紫禁城的中轴线上。园内以它为中心，东西大致对称地布置了近二十座建筑。但由于多数建筑倚墙而建，只有小巧的亭台立于园中，因此园内尚显得比较舒旷、空敞。

钦安殿左右有四座亭子：北边的浮碧亭和澄瑞亭，都是一式方亭，跨于水池之上，只在朝南的一面伸出抱厦；南边的万春亭和千秋亭，为四出抱厦组成十字折角平面的多角亭，屋顶是天圆地方的重檐攒尖，造型纤巧，十分精美。它们东西对称，是园内引人注目的观赏点。

倚北宫墙而叠筑的石山——"堆秀"，山势险峻，磴道陡峭，叠石手法甚为新颖。山上的御景亭，是帝、后重阳登高、俯瞰花园的好地方。

园里的花树，多为明代莳栽。古柏老槐，郁郁葱葱，园内又罗列奇石玉座，盆花桩景，连地面也用各色卵石镶拼成福、禄、寿文字及花卉、人物等各种图案，将花园点缀得极其富丽。

慈宁宫南花园是乾隆年间在明代建筑的基础上改建的。花园的揽胜门内，叠有山石一座，起了"开门见山"的障景作用。山石之后，花台上万紫千红，衬映出跨池而建的临溪亭。池亭周围，又有含清斋、延寿堂和东西配房相向而立，使临溪亭自然地成为花园南部的观赏中心。花园北部的咸若馆，是全园的主体建筑，其后及左右，皆有重楼：馆北是慈荫楼，东厢是宝相楼，西厢是吉云楼，围成半封闭的三合院，既是花园北部的屏障，又使园西一区建筑显得低平、近人。

园里建筑物布置规整，左右对称，靠其精巧的装修和周围的水池、山石，烘托出浓厚的园林气氛，而园地莳栽的梧桐、银杏、松柏等花树，可收四时成景的效果。

建福宫西花园建于清乾隆五年 (1740 年)。它的园门设在建福宫惠风亭后。门内是一个以静怡轩、慧曜楼一组建筑为主体的院落，甚为封闭、安谧。有了这种过渡性的安排，它西边的以延春阁为主体建筑的院落便显得开敞一些。延春阁的北边和西边，倚宫墙而建有吉云楼、敬胜斋、碧琳馆、妙莲华室和凝晖堂。它们不仅以富华、艳丽的建筑立面遮蔽了平直的宫墙，而且在一片楼堂连宇、花廊纵横的空间里衬托出延春阁的高耸和宏伟。延春阁的南边，叠石为山，岩洞磴道，幽邃曲折，山上又列奇石、亭阁，间以古木丛篁，饶有林岚佳致。

建福宫西花园的建造形式，深得乾隆皇帝的喜爱，成为他以后营建宁寿宫西花园的主要样板。可惜在溥仪搬出紫禁城的前夕，花园遭焚，只存下惠风亭和一片山石了。

宁寿宫花园建于乾隆三十六年到四十一年 (1771 ～ 1776 年)。花园占用了一个南北深 160 米、东西宽 37 米的纵长地带。前后划分为四进院落，布局紧凑、灵活，空间时闭时畅，曲直相间，气氛各异。

走进衍祺门，迎面是石山，绕过石山豁然开朗。主体建筑古华轩，坐北居中，古华轩庭院东阶下，布置了山石亭台，构成一个比较自由的建筑院落组合。西面褉赏亭抱厦中设"流杯渠"，东南角上另有院中之院，廊曲路回，颇有雅趣。第二进的遂初堂，是曲型的三合院。垂花门内，仅立几块湖石为景，环境幽静、雅致。第三进的粹赏楼为卷棚歇山顶的两层楼，满院石山，耸秀亭居高临下，挺拔秀丽，三友轩深藏山坞。最后一进，居中为园内最为崇高、华美的符望阁，以整座石山围其前院，又用虎廊联系阁后斋馆，形成不同的景致和趣味。符望阁前山主峰上有碧螺亭，是个五柱五脊梅花形小亭，形状别致，图案全用梅花，且色彩丰富，是极少见的亭式建筑。

园内共有建筑物二十几座，类型丰富，大小相衬，虚实对比，有的还因地制宜，在平面和立面上采用了非对称的处理，在制度严谨的禁宫之中，尤其显得灵巧、新颖。

全园山石亭景，别具风采。各进院落的山石，采用了不同的叠垒技巧，既有单树的奇石，又有成群的峰峦，崖谷峻峭，洞壑幽邃，同周围的建筑物相配合，给人以华美、精巧的印象。

花园内的楼阁轩堂，不但在外观上富丽堂皇，而且室内装修也极为讲究。花罩隔扇都用镂雕、镶嵌工艺。符望阁内装修以掐丝珐琅为主，延趣楼的嵌瓷片，粹赏楼的嵌画珐琅，都有很高的工艺水准。三友轩内月亮门，以竹编

为地，紫檀雕梅，染玉作梅花、竹叶，象征岁寒三友。倦勤斋的装修更精，挂檐以竹丝编嵌，镶玉件，四周群板雕百鹿图，隔扇心用双面透绣，处处精工细雕，令人叹为观止。

紫禁城内的花园布置手法，主要是根据地势情况采取不同的手法。花园位置在主要宫殿轴线上，则采取均衡对称，左右呼应的布局。如御花园位于紫禁城轴线上就采取这种方法。千秋与万春两亭，澄瑞与浮碧两亭是对称的方法，堆秀山与延晖阁，绛雪轩与养性斋，均为遥相呼应，保持了中轴线的基本格局。慈宁花园也居于慈宁宫轴线上，如咸若馆居中，以吉云、宝相为左右两侧配楼，是绝对对称的手法。如果花园位置不在宫殿轴线，而是在主体宫殿之侧，布局则灵活多变。以曲径通幽，迂回曲折，取得步移景迁的艺术效果。建福宫花园与宁寿宫花园就是如此，把私家园林手法和宫殿气氛协调起来。

从功能内容上看，紫禁城内园林，多数的亭台轩馆是为休憩、游赏而建，也有不少殿堂楼阁是专供敬神、崇佛、斋戒、颐养、藏书、阅览等用。因此，它们之成为皇帝和皇室成员在紫禁城内日常活动的主要场所之一，也就极其自然了。

152. 天一门正面

153. 天一门前大香炉

154. 天一门大香炉局部

　　水磨砖造的券门，位于中轴线上，是钦安殿的正门。门前有鎏金麒麟及陨石台座各一对。门内有合欢树一株。天一门与坤宁门之间有铜炉一座。

155. 御花园平面图

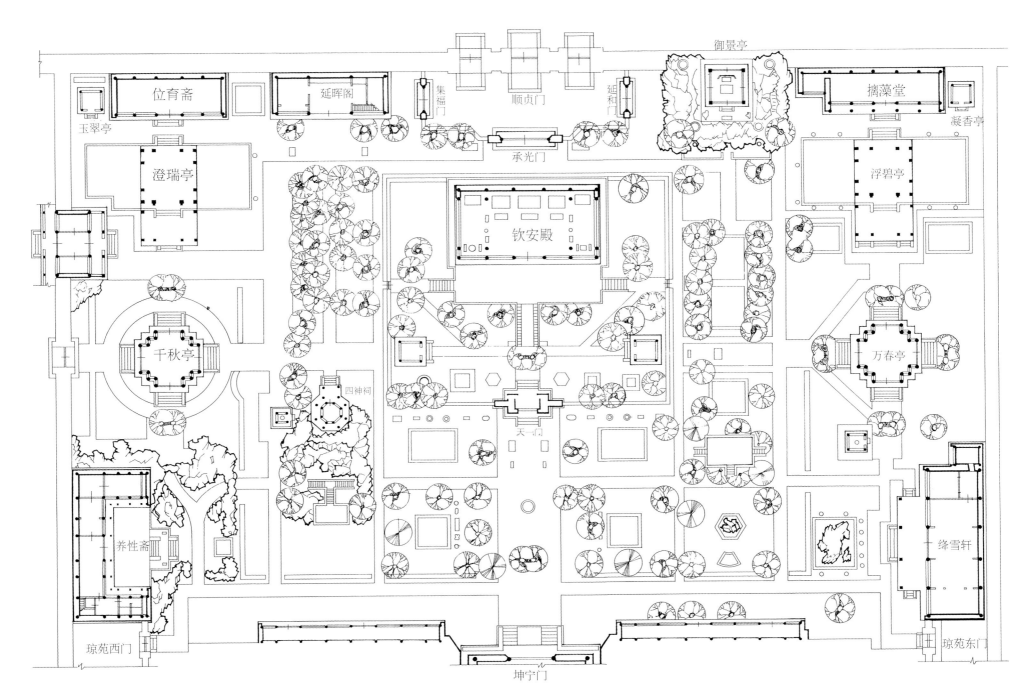

位育斋　延晖阁　集福门　顺贞门　延和门　御景亭　摘藻堂

玉翠亭　　　　　　　　　　　承光门　　　　　　　　　　　凝香亭

澄瑞亭　　　　　　　　　　钦安殿　　　　　　　　　　　浮碧亭

千秋亭　　　四神祠　　　　　　　　　　　　　　　万春亭

养性斋　　　　　　　　　天一门　　　　　　　　　　　　绛雪轩

琼苑西门　　　　　　　　　　　　　　　　　　　　　　　琼苑东门

坤宁门

御花园各处安置有各式盆景，千奇百怪，异常珍贵。如"海参石"在御花园东侧铜獬豸之前。它那圆滑柔软的形态，肉感很强的外型，很像一段段海参。这是由数十段石质海参组成的插屏式陈设。"诸葛亮拜北斗陨石"不以雕凿取胜，而以自然形成画面而闻名。这块状似僧帽的奇石表面，呈现了一个形象逼真的躬身下拜的老人。他头戴道巾，身着紫褶，长袖下垂，双手拱起，面对前方黑石上点点星斗，作拜揖状，形态生动，让人联想起像是精通天文的诸葛亮，故此称"诸葛拜斗石"。另绛雪轩迎面雕石架座上屹立的是一段远古的木化石。这段石粗看不像石质，好像是一段经久曝晒的朽木，背面有千百个虫蛀孔，但敲之铿然有声，确是石质。石的正面有乾隆丙戌年的题句。

164. 万春亭全景

明嘉靖十五年 (1536 年) 改建、上圆下方、重檐、建筑精美。西面与千秋亭相对、造型相同、惟顶不同。

165. 四神祠全景

是一座前面带敞轩的八角亭子、坐南向北、正对延晖阁。

166. 澄瑞亭全景

167. 澄瑞亭水池

与浮碧亭相对，建在桥上，下临碧水，亭南伸出抱厦。

168. 养性斋正面

在御花园西南隅，七楹的阁楼。斋前假山堆围，并有平台。与东南隅的绛雪轩本是对称的建筑。但在平面造型上一凸一凹，体量上一高一矮，对称而不呆板。

169. 御花园石子路
170. 御花园石子路图案之一
171. 御花园石子路图案之二
172. 御花园石子路图案之三

　　御花园的甬道以不同颜色的细石砌成各种图案。路面的图案的组成，全园是一个整体，但每幅图案又有独立的内容，总计花石子路上的图案约有900幅。图案的内容有人物、风光、花卉、博古等，种类繁多，沿路观赏，美不胜收。右页三图分别是"颐和春色"、"关黄对刀""鹤鹿同春"。

169

170

171

172

173. 承光门内的鎏金铜象

174. 延和门正面

延和门是御花园牌楼门的左门。

175. 堆秀山全景

山前的狮子座上雕蟠龙，口喷水柱高达十几米。山顶有御景亭。亭建于四周护有汉白玉石栏杆的台基上。堆秀山东西有蹬道可上，山前有门，门内是石洞。进门沿石阶盘旋而上可达山顶御景亭。小山虽是人工堆成，但洞壑玲珑，峰峦积秀，是一座台景扩大的堆法，被堆山匠师们称为"堆秀式"。此山建于明万历年间，是园中可以登临的地方。登上此山，可临轩极目远眺，西山在望；俯瞰则紫禁城尽收眼底。清朝宫中每年七月七日在御花园中祭祀牛郎、织女星，皇帝拈香行礼，皇后、皇贵妃、贵妃、妃嫔等人再行礼。八月中秋之夜在此祭月，九九重阳节，在此登高。

176. 建福花园平面图

177. 建福花园的围棋盘石桌

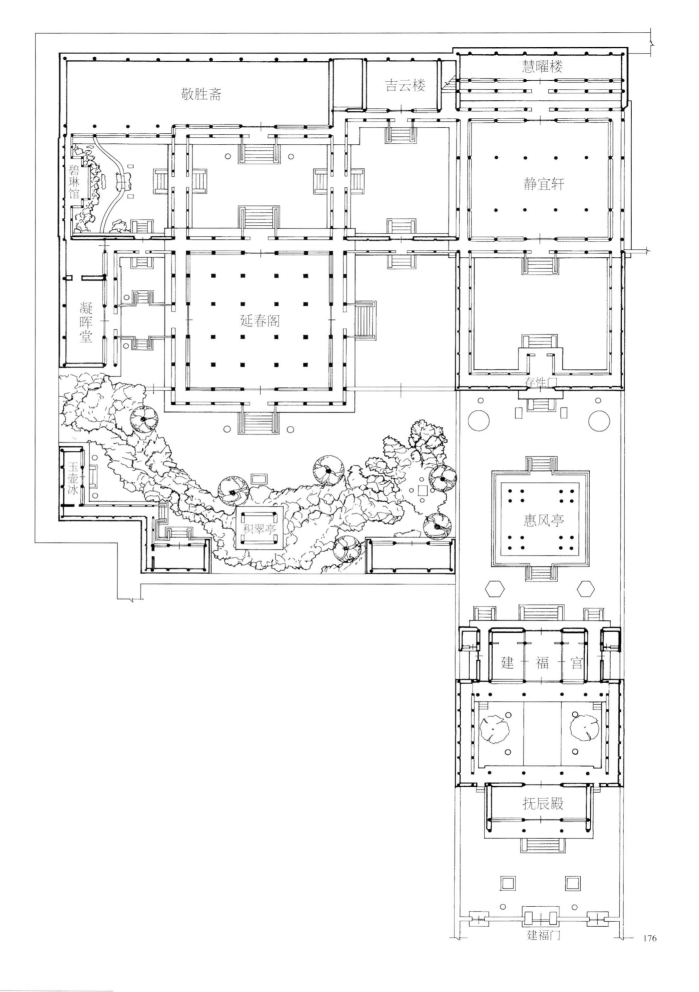

慧曜楼

敬胜斋

吉云楼

碧琳馆

静宜轩

凝晖堂

延春阁

存性门

玉壶冰

惠风亭

积翠亭

建　福　宫

抚辰殿

178. 慈宁花园平面图

179. 慈宁花园鸟瞰图

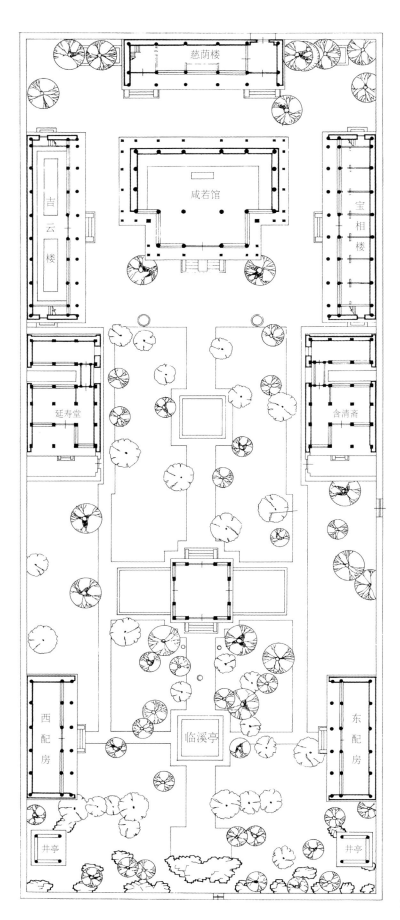

慈荫楼

吉云楼

咸若馆

宝相楼

延寿堂

含清斋

西配房

临溪亭

东配房

井亭

井亭

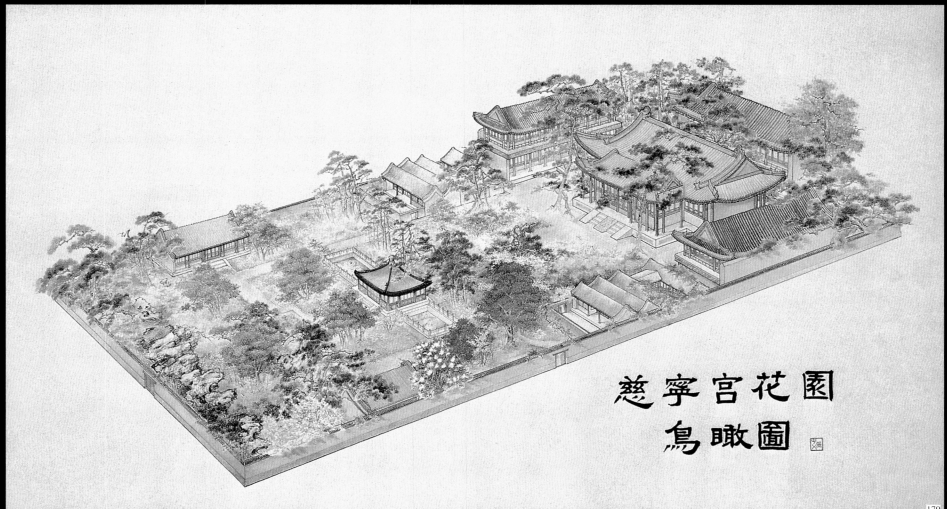

慈寧宮花園
鳥瞰圖

180. 慈宁花园内白果树

181. 临溪亭全景

　　临溪亭建于桥上，桥架于一个长方形的水池上。水池四面立汉白玉雕石栏杆。亭四面有门窗，可以全部打开。自亭东西可俯望池中游鱼和莲花。

182. 慈宁花园假山石子路

183. 含清斋勾连搭式屋顶

180

184. 宁寿宫花园平面图
185. 衍祺门正面

　　是宁寿宫花园的正门。开门，迎面便可看到一座玲珑剔透的山屏。山屏背后，松柏枝梢摇曳，山前是一条曲折的小径、用五颜六色的石片铺墁成冰裂图案。这种入口设计，是一种一阻一引的中国园林"曲径通幽"的手法。

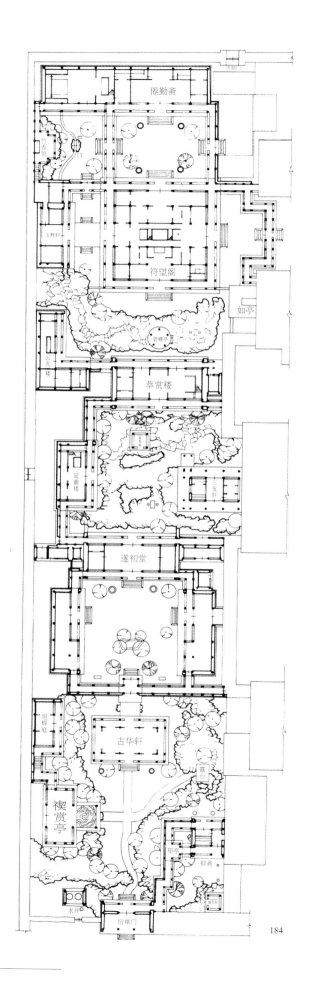

185

186. 仰看承露台

187. 假山下佛堂洞门

古华轩之东湖石堆叠的山峦主峰上的承露台，四周白石雕栏环绕，透过掩映的松柏，看过去极为精巧秀丽。台下山石间辟有门，洞北洞东有石阶可到台上。

假山下有一小洞式佛堂，精巧别致，引人有深山古刹的联想。

188. 古华轩全景

189. 古华轩内景

坐北处中，是歇山卷棚式敞轩，四周环以回廊，周围安装坐凳与拱楣。轩内是楠木本色镶嵌天花，雕百花图案，古朴淡雅。轩前有古楸一株，是建轩前故物，当初营造房时，有意保存。作为轩前借景，而且花冠甚美。因之得名，乾隆帝曾赋有"古楸行"。

188

189

190. 禊赏亭全景

平面为凸形，三面出歇山顶，中间为四角攒尖的亭式建筑，与东面承露台遥相呼应，另与古华轩成并蒂莲状的对景。命名取晋王羲之兰亭修禊之典。

191. 宁寿宫花园内流杯渠贮水用的海缸

192. 禊赏亭内流杯渠

禊赏亭内的流杯渠可作"曲水流觞"之乐。渠做如意形回绕，引水于渠中，杯浮于水上，饮酒咏诗为乐。渠水来自衍祺门内的一口井，汲水入缸，山下凿出孔道，将水引入流杯渠。然后再从北面假山下孔道透迤流入"御沟"中。上下水道都隐在假山下，好像源泉涌自山涯，在设计上煞费苦心。

193. 旭辉庭侧面

194. 旭辉庭爬山廊

　　旭辉庭是随山向北渐渐高起而建筑的一座三开间卷棚歇山式建筑，因坐西朝东、面迎日出，因此取"旭辉"之名。

　　旭辉庭爬山廊相连山上的旭辉庭和山下的禊赏亭。山与建筑结合，遮挡外边宫墙视线，是一种摒俗手法。

195. 遂初堂前垂花门

196. 垂花门侧虎皮石墙基

　　遂初堂前垂花门在古华轩北，门内便是园中的第二进景区。门两侧是磨砖细砌的清水墙面，下面衬托着彩色石片镶贴的冰裂台明，一反宫中墙面朱红粉饰的定式，给人特别清新的感觉。

197. 曲尺廊侧影

　　曲尺廊位于宁寿宫花园的第一进的东南角。利用廊隔出一个小院，打破了平面方正的呆板，也取得了与西北角旭辉庭在构图上的均衡。

198.三友轩正面

199.三友轩紫檀雕松竹梅窗

200.三友轩室内紫檀嵌玉隔扇

201.三友轩松竹梅式月亮门

　　位于遂初堂北第三进的东南角。坐落在山麓之阳，为三间北房，有高山作屏障，挡住西北风，轩内设有取暖的地炕，为冬季游园之所。三友轩的屋顶，西面是歇山式，其东面为了同乐寿堂相接，改作悬山式。这种做法在禁中只此一处，完全是江南私园的建筑手法。

　　三友轩环境幽雅，室内装修十分精致，雕镂精细。装修图案主要用松竹梅，寓岁寒三友之意。

202．延趣楼正面

203．延趣楼前假山

204．延趣楼宝座

　　园的第三进以山景为主。庭院中央峰峦
叠起，洞谷相通，环山布置建筑。西北面为
延趣、萃赏两楼。上下带廊、楼下的走廊与
曲尺游廊相连、成一条沿廊观赏的路线。楼
上外廊可以凭栏眺望庭中山景。

205．碧螺亭小桥

206．碧螺亭全景

　　亭子坐落在花园第四进院子叠石堆山的主峰上。碧螺亭为重檐五柱、攒尖式紫琉璃瓦顶，体形成梅花形。亭底平面做低矮五瓣的须弥座，亭柱周围以弧形坐凳式栏板，内外雕刻各种不同样式的梅枝，亭檐下倒挂的楣子和亭内天花板也有雕刻非常精细的梅花图案，上下檐额枋彩画题材是海墁式的点金加彩折枝梅花。亭子顶部，每层用五条垂脊，分为五个坡面，也是仿梅花五瓣之意，色调以蓝绿色为主，整个亭子便好像是无数梅花簇拥成的大花篮，故俗称"梅花亭"。体形别致、色彩丰富、协调，是宫中园林建筑中少见的亭式。亭南石桥飞架，通萃赏楼，轻灵精巧，与地面依山而行的通路，形成了上下两层的通路。这种上下两层纵横交错的通行方法，与现代立体交叉桥梁设计思想颇有相似之处。

207．耸秀亭雪景

　　主峰上建有一座方亭，居高临下，挺拔秀丽。亭前有深达数丈的悬崖峭壁。如果由下上仰，可见"一线天"的奇景。

208. 符望阁外景

209. 符望阁珐琅嵌玉方窗

210. 符望阁嵌玉透绣隔扇

符望阁是第四进景区的主体建筑，雄踞于花园北部，也是全园中心主景建筑。这是进深各五间、周围带廊的两层阁楼、四角攒尖式屋顶，气势端重。阁四周以游廊短墙等隔成几个似通又隔的小院，各具特色。阁内底层用精工雕金镶玉嵌的装修纵横间隔、曲折弯转、富于变化。如果观赏一次室内景色最少需转折二十个方位。置身其中，穿门越槛之际，往往迷失所在，故俗称"迷楼"。符望阁室内装修不仅富丽堂皇，工艺水平也很高。

在符望阁的北面、两侧用游廊与符望图的两廊衔接，形成四周为廊的天井。从布局艺术来说，符望阁是全园的高潮，倦勤斋则如后罩房。室内嵌竹丝的挂檐、嵌玉透绣隔扇等装饰、极其精美。

208

209

210

211．倦勤斋内百鹿图裙板

212．倦勤斋正间宝座

213．倦勤斋正间

214. 景祺阁外景

215. 景祺阁东院

戏 台

紫禁城里戏台很多，都分布在内廷区。至今保存完好的有：宁寿宫后阁是楼院中的畅音阁大戏台、倦勤斋室内的小戏台、重华宫区漱芳斋院中的戏台和斋内的"风雅存"小戏台，以及长春宫院内的戏台等等。它们之中，有室内室外之别，有高低大小之分，各有不同的建筑形式，可以适应不同规模的演出。

畅音阁大戏台，在宁寿宫后东路的阅是楼院中，为"三重崇楼"。建于乾隆三十七年（1772年），曾于嘉庆七年（1802年）和光绪十七年（1891年）重修。

畅音阁戏台共三层，上层称"福台"，中层称"禄台"，底层称"寿台"，有木楼梯可供上下。寿台是一个面阔三间、进深三间的方形台面，很宽敞，面积相当于普通戏台的9倍。寿台场门分设在台后两侧。场门上方是横列于台后的仙楼，从仙楼上可下到寿台，又可上到禄台，均由木蹬踏跺上下。寿台台面下的中央和四角，有五口地井、平时演戏，盖上木板，使用时打开，靠安装在地下室的绞盘，将布景托出台面。如演《地涌金莲》时，坐着五尊菩萨的五朵大莲花座，就是从这五口地井徐徐升上台面的。中央的一口地井，底下有水，那是为了引起共鸣，增加音响效果。寿台的上方，另有三个天井，也只是在演某些戏种时，用辘轳架将人或布景送下寿台。如演《罗汉渡海》时，"海市蜃楼"就是从二层天井吊下寿台的。

福台和禄台的台面范围很小，这是根据坐在阅是楼宝座上看戏的皇帝的视线所及而设计的。当演出《九九大庆》等承应大戏时，数以百计的神佛角色，同时在福、禄、寿三层台上出现，构成大幅有声的、活动着的"朝圣图"、"群仙祝寿图"和"极乐世界图"，场景是十分有趣的。

畅音阁戏台的后部，是两层的扮戏楼，是演出的辅助用房。面阔五间，进深三间，空间相当高大。屋顶同戏台的二层屋檐连搭一起，构成一座前高后低有起伏的大型戏楼。

倦勤斋是宁寿宫花园北部的一座建筑。在其西室内建有一个小戏台，供南府太监演唱岔曲。它是一座四角攒尖顶的方亭式戏台，其木构件多雕成竹节状，西、南、北面均以竹篱作为隔墙，靠北的后檐墙上画着整幅的竹篱小院的壁画，上挂藤萝和萝花，与顶棚满画竹篱藤萝的海墁天花连成一片，形成一座"室内花园"。与紫禁城宫殿的红墙黄瓦相比，别有风味。演戏时，皇帝坐在正对戏台正面的阁楼中观戏。

漱芳斋在重华宫的东翼院内，是乾隆年间改建西二所时增设的。这里有大、小两个戏台；大戏台在斋前院中。戏台每面四柱，当心间稍宽，作为台口。台的上方设有天井，覆以重檐歇山式屋顶，装饰极为华丽。这是皇帝在新年元旦期间受贺或宴请王公大臣时看戏用的。小戏台在漱芳斋后"金昭玉粹"室内，为四角攒尖方亭，供皇家家宴时表演小节目或演出小戏之用。

西六宫长春宫和太极殿之间的体元殿，是清代晚期改建长春门时修建的。殿后北向出抱厦三间，可做演戏之用，是为长春宫戏台。戏台较为宽敞、柱间置有低平的木质坐凳栏杆和简洁的倒挂楣子，甚为素雅。

216. 戏单

217. 颐和园内大戏台

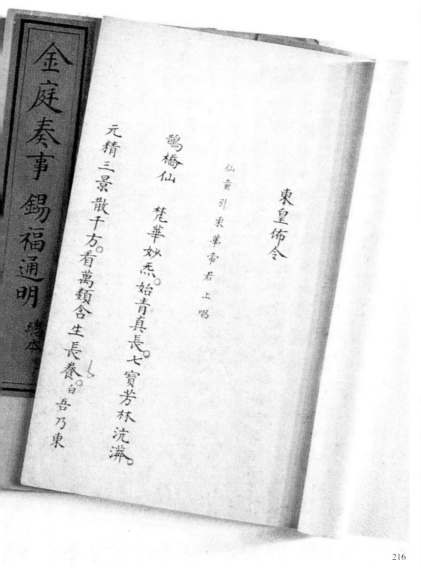

218. 畅音阁戏台下层正面

219. 畅音阁戏台兽面柱头

220. 畅音阁戏台外景

　　帝王之家在宫中主要的娱乐是看戏。每年宫中逢节日如立春、上元、燕九、端午、七夕、中秋、重九、冬至、除夕以及皇帝皇后生日、登极、册封等等，都演戏。宫中有专业的戏班子。所演戏剧内容，是根据节令和喜事的不同而定。如立春日即上演《早春朝贺》等剧；上元节则上演《万花向荣》等；而皇帝、皇太后万寿生日，则上演《四海升平》、《万寿无疆》等戏。戏剧内容大多是歌功颂德和吉祥如意的帝王神仙戏。到光绪中期，才有宫外戏班入宫承应，演社会上流行的名剧如《拾玉镯》、《双包案》等。演出地点多在长春宫、漱芳斋和畅音阁大戏台。到光绪后期，当时社会上的著名京剧演员如谭鑫培、梅兰芳等都曾入宫演出过。

221. 畅音阁中层内景

222. 畅音阁后台一角

223. 畅音阁上层内景

　　畅音阁是清代宫中最大的戏台，是一座高达三层的楼阁，位于外东路宁寿宫区域内。畅音阁大戏台虽然是乾隆皇帝亲建，由于他并没有在宁寿宫居住和游息，所以他在畅音阁看戏机会很少，经常看戏的地方，是漱芳斋和后殿金昭玉粹。到乾隆后期，遇有大节如元旦、万寿等，才在畅音阁看戏，畅音阁演戏最多的是在慈禧太后当政时。不论是住在储秀宫还是住在宁寿宫的乐寿堂，凡遇大节，慈禧总是到畅音阁看戏，并由皇帝、后妃、命妇以及王公大臣陪同。光绪十年 (1884 年) 慈禧 50 岁生日，从九月二十二日至二十八日在畅音阁演大戏，十月初八至十六日又在畅音阁和长春宫同时演戏 9 天，每天演戏达六七小时。十月十日生日这天，慈禧在畅音阁看戏，坐在阁是楼正中，两旁是光绪和他的后妃。阅是楼东西两厢是内廷王公、内阁大学士、六部尚书、御前大臣、军机大臣及内务府大臣等。阅是楼及内外两厢，挂满福禄寿灯四百五六十盏，真是鼓乐声喧，灯火通明。为这次生日在畅音阁和长春宫演戏，购买戏衣、道具耗白银 11 万两之多。清代宫中戏衣道具至今尚保存完整。

224. 《避暑山庄演戏图》局部之一
（故宫博物院藏）

225. 《避暑山庄演戏图》局部之二

内容是乾隆帝在避暑山庄看戏的历史画。

避暑山庄在河北省承德，清康熙时建成，乾隆时又几经增建。这里的三层戏台称为"清音阁"（现已不存），与故宫之畅音阁相似。避暑山庄是康熙、乾隆经常在此接见外宾及少数民族首领的地方。此图是乾隆五十四年（1789 年）在这里举行一次盛会的情景。为当时宫廷画家所作。

226. 阅是楼正面

阅是楼始建于清乾隆年间，坐北南向，位于畅音阁的对面，面阔五间，进深三间，两层楼。楼内设宝座，皇帝在此观戏。楼东西有围房与畅音阁相接，是王公大臣们看戏的地方。嘉庆年间重修，慈禧也经常在这里看戏。

227. 倦勤斋戏台前宝座

228. 倦勤斋室内小戏台

　　主要作为演唱岔曲之类用。

233．漱芳斋内"风雅存"小戏台

234．长春宫院内戏台

234

佛堂、道场及其他祭祀建筑

宫中有许多殿阁，专供皇室进行宗教祭祀活动的。清初虽然将蒙、藏地区信奉的喇嘛教的黄教奉为国教，宫中供奉的，以佛为主，但道教和儒教也保有一定的地位。另外还有一些其他方面的祭祀。

宫中的佛堂、佛楼、佛阁，主要布置在内廷中的太上皇宫殿——宁寿宫和太后太妃宫室——慈宁宫、寿安宫、寿康宫等区。如宁寿宫后区东路的佛日楼和梵华楼、慈宁宫后的大佛堂、慈宁宫花园、慈宁宫东北春华门内的雨花阁一院，寿康宫、寿安宫之北的英华殿等等。另外，在后三宫的坤宁宫、东六宫的承乾宫等处，也都置陈神龛佛像、炉盘塔磬，供皇帝、后妃信佛礼拜之用。道教的建筑主要是明代所遗，如御花园中的钦安殿一院及其西南侧的四神祠、东六宫东的玄穹宝殿等。用于儒教的建筑主要是文华殿东侧的传心殿一院和乾清门内的祀孔处等。另外，宫中也有不少皇帝祭祖的宫殿和祭祀坛庙前斋戒用的宫殿，规模也很大，主要有奉先殿、斋宫等。

佛日楼、梵华楼位于宁寿宫后区东路，景福宫之北，紧倚宫墙。这两栋佛楼是仿建福宫西花园中的吉云楼和慧曜楼的形式建成的。两楼各自成院，相互毗邻，第二层有檐廊相通，共用一座木栏石楼梯上下相通。楼内供奉着喇嘛教主要各佛的塑像，配以 1.09 万尊小佛像。同时还有喇嘛教黄教的创始人——宗喀巴大师的塑像，神态安详，形象逼真。楼下陈设着六座高大的珐琅佛塔，制作精致，是十分珍贵的稀世之宝。

慈宁宫后大佛堂，是皇太后瞻拜礼佛、"以申悲悃"的地方。它与慈宁宫面宽一致，建在同一个台基上。当时大佛堂有太监充任喇嘛，每年十二月初五起在堂中嗥经 21 天。平时的每月初六，举行喇嘛教的宗教仪式，如放鸟卜藏、嗥金刚经等。

慈宁宫花园后部的咸若馆，东边的宝相楼，西边的吉云楼，后边的慈荫楼，都是供佛之所。供的是三世佛和救度母佛。先朝的后妃在这里祝祷自己延年益寿，挨过残生，修炼来世。

雨花阁在春华门内，是一座精构楼阁。它的平面约呈方形、立面分作三层，下面两层腰檐分别覆以蓝、绿琉璃瓦，屋顶则四角攒尖，覆以鎏金铜瓦。四条金光闪闪的巨龙腾跃于脊上，形制之奇特，装饰之华美，宫中少见。雨花阁内供奉西天梵像，每年四月初八派喇嘛 5 名在最上层嗥大怖畏坛城经，二月初八和八月初八各派喇嘛 10 名在瑜伽层嗥毗卢佛坛城经。三月初八、六月初八、九月十五和十二月十五各派喇嘛 15 名在智行层嗥释迦佛坛城经，每月初六在德行层放鸟卜藏、嗥经。

雨花阁一院的西北角为梵宗楼，供文殊菩萨。雨花阁后的昭福门内原有宝华殿、香云亭、中正殿等，都是供佛和喇嘛嗥经的大型活动之处，可惜于 1923 年被火焚毁。

英华殿在寿安宫之北，创建于明代，康熙二十八年（1689 年）和乾隆二十七年（1762 年）重修。殿前的英华门东西两翼有琉璃鹤照壁，姿态生动，为明代遗物。殿内供五莲菩萨，明代皇太后和皇后都在这里行礼拜佛。

钦安殿在御花园正中天一门内，为明代所创建，重檐盝顶，上安渗金宝顶，形制奇特。台基石栏及御路雕刻极为精美，显示了明代精湛的建筑工艺成就。殿的四周有平矮的围墙。带琉璃照壁的天一门前列有金麒麟、花石，院内植以古柏修竹。殿内祀玄天上帝。每年立春、立夏、立秋、立冬之日，架起供案，奉安神牌，皇帝前来拈香行礼。每年年节和八月初六到十八日，为"天祭"，在宫中的玄穹宝殿和这里各设道场，道官道众设醮称表。

玄穹宝殿位于东六宫之东，东五所之南的钦昊门内。正殿五间，东西配殿各三间，为三合院式的庭院。正殿内祀昊天上帝。除每年正月初九传大光明殿道士念玉皇经一天外，其他活动与钦安殿基本一致。

传心殿在东华门内文华殿之东，是清代康熙二十四年（1685 年）所建。建成后，殿内设立牌位，正中是皇师——伏羲、神农、轩辕；帝师——尧、舜；王师——禹、汤、文、武；西侧是周公；东侧是孔子。每年春秋仲月，皇帝亲临经筵的前一天，先来传心殿祭告。殿的前院东侧有一

口大庖井，泉味独甘，从顺治八年（1651 年）起，每年在这里祭祀井神。

祀孔处在乾清门内东庑的南端，与上书房相邻，是宫内的又一祀孔之处。室内有乾隆皇帝御题匾额"与天地参"，供奉至圣先师及先贤先儒的神位。

奉先殿在毓庆宫之东，始建于明代。现存的奉先殿是清顺治十三年（1656 年）重建的。康熙十八年（1679 年）、康熙二十年（1681 年）和乾隆二年（1737 年）重修。殿的建筑采取了面阔九间、重檐庑殿顶的崇高级别的体制，是清代皇帝祭祖的地方。它由前殿、后殿及穿廊组成工字殿，四周围以高垣。前殿内供奉努尔哈赤以后历代帝后的神牌，后殿供奉努尔哈赤以前的肇、兴、景、显四祖及其后的神牌。每年万寿节、元旦和冬至（俗称宫中的三大节）以及国家的一些大庆之日，如册立皇后、册封皇太子、御经筵、谒陵、巡狩回銮、战争凯旋等等，皇帝都要亲自或遣官到奉先殿致祭行礼。

明代以前各朝皇帝祭祖，都在太庙。明代起，开创了在宫中建立祭祖的制度，奉先殿也就成为皇室在宫中祭祖的家庙了。清代也沿袭了这一祭祖制度，不同的是，在明代，皇后必须每天率领妃嫔进殿，向神牌贡献食物，而清代则减掉了这项活动。

斋宫在毓庆宫之西，东六宫之南，是清雍正九年（1731 年）在明代宏孝殿、神霄殿的旧址上兴建的，嘉庆六年（1801 年）重修。清初，皇帝每年在南郊祭天、北郊祭地及冬至祈谷大祀之前，先乘礼舆到斋宫宿住一天，再迁居坛内的斋宫一天，然后才能举行祭祀仪式。行斋期间，不作乐，不饮酒，忌用辛辣，也不用葱韭。

城隍庙建于雍正四年（1726 年），位于紫禁城内西北角，内奉紫禁城城隍之神。

235．文华殿东侧的传心殿

236．西藏布达拉宫内宗喀巴像

237. 宁寿宫一区梵华楼外景

238. 梵华楼佛塔

　　梵华楼位于紫禁城外东路宁寿宫一区的东北隅。楼面阔七间，分上下两层，前出廊，黄琉璃瓦硬山顶。楼室内保存有众多的佛塔和佛像。

239. 梵华楼二楼内景

240. 梵华楼二楼佛龛局部

241. 梵华楼佛龛内供奉的佛像

242. 梵华楼一楼供奉的佛像壁画

243. 梵华楼内供奉佛像

244. 梵华楼佛龛内宗喀巴像

245. 梵华楼二楼供奉的佛像壁画

243

244

245

246．慈宁花园咸若馆内佛龛一角

247．慈宁花园咸若馆明间佛像及五供

248．慈宁花园吉云楼内佛像

249．雨花阁外景

　　雨花阁始建于清代乾隆年间，是宫中喇嘛教建筑。阁分三层，下层四面出厦，柱头饰以兽面。二、三两层柱头饰以木雕泽金蟠龙，最上层顶用铜镀金的筒瓦和板瓦覆盖，四条垂脊上各有一条镀金铜龙，形象生动。中安塔式宝顶、金光闪烁、造型别致。

250. 雨花阁内坛城

251. 雨花阁内坛城局部

坛城，或称道场，即大曼荼罗，建于清乾隆二十年，为佛教密宗祭供诸佛及诸德的一大法门。此坛城坐落在汉白玉雕花圆座之上，外用硬木做重檐亭式罩，坛城本身用嵌丝珐琅构成，内以"大畏德"（文殊菩萨的化身）为主尊造像，加之其眷属（密宗把随从、其系统称为眷属）。坛城建在金刚交杵之上，以红、黄、蓝、白、黑色显五方，坛城上宫殿旛幢庄严，供养着仙乐，飞天仙女等。其

下铁围山内为八大寒林，即密宗所称的八大地狱（一般称为十八层地狱）。雨花阁内设三大坛城，它的依据是密宗的深密教义常规术语："六大四曼三密如其次第，配于体相用之三大"。"三密"为密宗所指的身、意、口，配于体（身体）、相（形象）、用（使用），雨花阁坛城就是三密圆满具足的体现。

252. 雨花阁二楼内景

253. 雨花阁二楼楼梯间

此層供奉行德品佛應念行德品內宏光顯耀菩提佛佛眼佛
無我佛母白衣佛母藍拯度佛母顯行手持金剛伏魔手持
金剛藍摧碎金剛白馬頭金剛無量嘉佛等經

252

253

254.英华殿内供奉的佛像

255.菩提树叶上绘制的佛教人物画

256.菩提树叶上写的经文

257.菩提子做成的手串

　　英华殿是明代所建，殿内原供西番佛像。殿面阔五间,进深三间,单檐黄琉璃瓦庑殿顶。英华殿前长有菩提树，又名毕钵罗。树根深叶茂，枝叶婆娑、下垂着地。盛夏开花呈金黄色，深秋结子可做念珠，叶经加工、可精制成佛家用品。

254

255

般若波羅蜜多心經
觀自在菩薩行深般若波
羅蜜多時照見五蘊皆空
度一切苦厄舍利子色不

256

257

258. 御花园钦安殿外景

259. 御花园钦安殿前东侧焚帛炉

260. 御花园钦安殿旗杆座

　　钦安殿位于御花园的中心，始建于明代。面阔五间，重檐。室内供道教的玄天上帝。明、清时代宫中常在此殿举办道场，因此保存的比较好。殿基为须弥座式的石台，前正中雕刻云龙石陛，台上周边有极精致的汉白玉龙凤图案栏杆，都是明代遗物。殿的上端是平顶，周围是四面坡的"盝顶"。围脊当中安镀金宝顶。檐角斜出四条重脊。殿四周有矮垣围绕、自成格局。

261. 御花园钦安殿内玄天上帝像、法物及供品

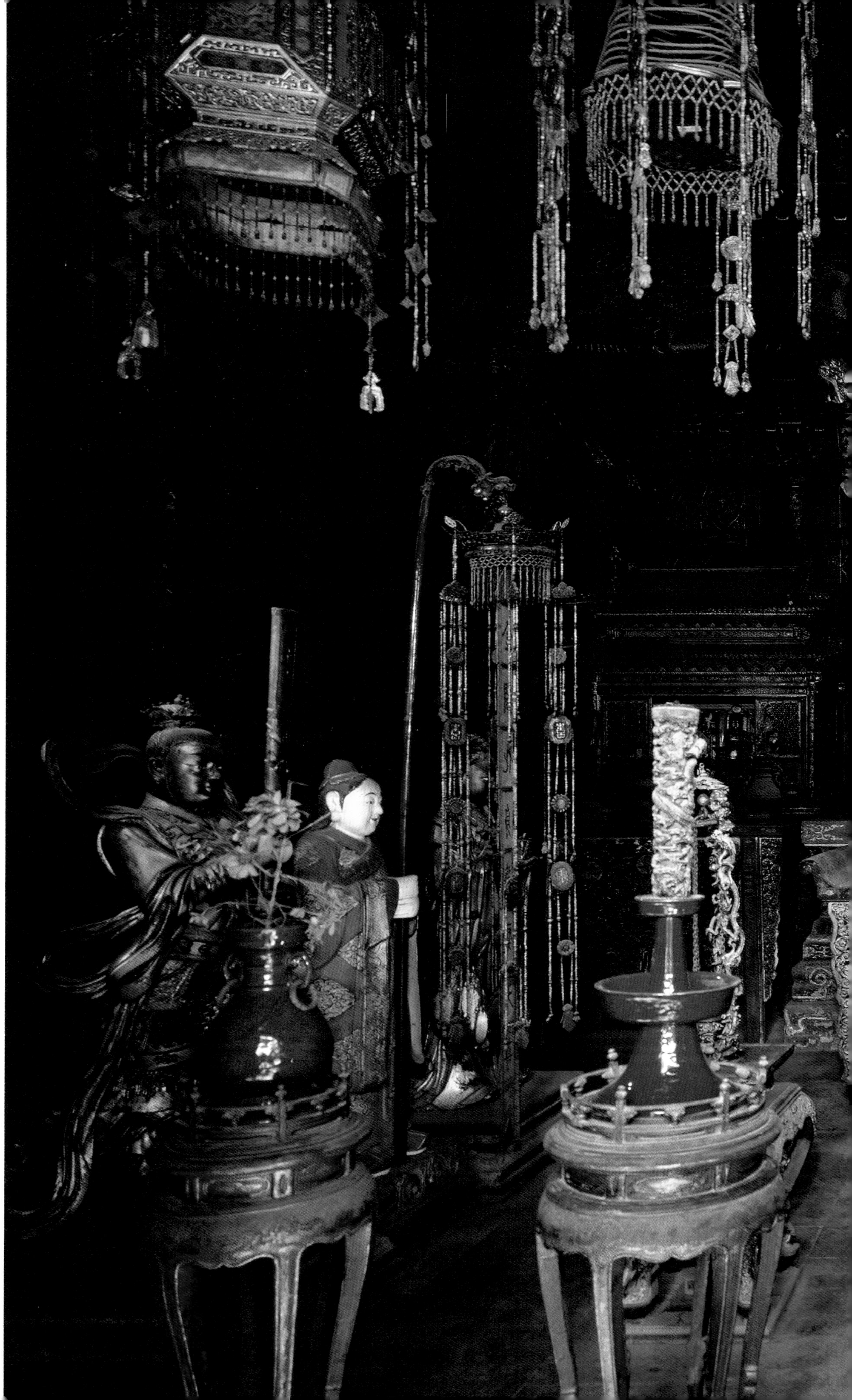

书房、藏书楼

　　紫禁城内主要用于藏书、阅览的建筑物有文渊阁、摛藻堂、昭仁殿、上书房、葆中殿、味余书室和知不足斋等等。它们各有用途，布置和建造情况也各具特色。

　　明代的文渊阁建于文华殿前，用作贮藏宋元版旧籍。其中包括永乐十九年(1421年)自南京皇宫文渊阁运来的十船一百柜古籍，另外还有当朝《永乐大典》的正本11095册。乾隆三十九年(1774年)，在文华殿后明代的圣济殿(祀医神之所)旧址上另建文渊阁。乾隆四十一年(1776年)建成后，同文华殿相连，成为外朝的一个组成部分。

　　文渊阁的环境经过周密的布置。阁后及西侧，以太湖石叠堆绵延小山，植有苍松翠柏。阁东有一座四脊攒尖的方形碑亭，脊似驼峰，翼角反翘，仿江南建筑物形式。亭中矗立隆碑，上镌清高宗弘历撰写的《文渊阁记》。阁前凿有长方形水池，围以白石栏杆，栏板上饰有各种水族图案。池中引入内金水河河水，池上架有白石拱桥。山水花树中的人行甬路，均以卵石和片石铺砌，造就出一种十分幽雅的庭园气氛。

　　文渊阁的装修装饰，同庭院的气氛也很协调。台基用城砖叠砌，上铺条石。平直的墙面为清水磨砖丝缝，前檐廊的两山各有券门，带有绿琉璃垂花门罩。油漆彩画以冷色为主，连立柱都用深绿色油漆。柱间，下有回纹木栏杆，上有倒挂楣子。枋额上绘有"河马负图"、"翰墨册卷"等题材的苏式彩画。阁顶为歇山式，覆以黑琉璃瓦，用绿色琉璃剪边。阁顶正脊，用绿色琉璃作衬底，上为紫色游龙腾越其间，再镶以白色线条的花琉璃。用这样几种冷色琉璃搭配一起，在紫禁城建筑中是十分独特的。

　　文渊阁的构造，参照浙江宁波天一阁的形式，面阔五间，西侧带一间楼梯，合为六数。阁长34.7米，进深三间，底层前后均出檐廊，共深17.4米。文渊阁外观为两层，而内部实为三层，即利用上层楼板下的空间，连以回廊，作为中层，扩大了使用面积。

　　阁内贮藏清代乾隆三十七年至四十七年(1772～1782年)编成的《四库全书》，共计79030卷，分装36000册，纳为6750函。另外还藏有《四库全书总目考证》及《古今图书集成》。这些书分别贮藏于楠木小箱中，安置在上、中、下三层的书架上。在上下层正中明间，均用书架间隔成广厅，中央置"御榻"，供皇帝在阁内阅览时使用。

　　《四库全书》成书后，共缮写七份，分藏于宫内文渊

阁、圆明园文源阁、承德避暑山庄文津阁、沈阳故宫文溯阁、江苏扬州文汇阁、镇江金山文宗阁、浙江杭州文澜阁，其中以文渊阁藏本为最精。

摛藻堂面阔五间，前檐出廊，上覆黄琉璃瓦，硬山顶，坐落在御花园钦安殿的东侧。它北靠宫墙，南临池亭，西有凝香亭。摛藻堂里，排贮《四库全书荟要》。那是乾隆年间特命编纂诸臣选择《四库全书》中的精本，录荟成的。当时缮就两套，摛藻堂里贮一套，另一套贮于圆明园长春园味腴书室。味腴书室的一套于咸丰十年(1860 年)为英法联军焚毁。

昭仁殿在乾清宫东侧，四周有墙，自成一院。主殿面阔三间，前带悬山卷棚抱厦。乾隆九年(1744 年)和嘉庆二年(1797 年)，二次诏编宫内所存宋、辽、金、元、明各朝旧版秘笈，藏于此殿。取汉宫藏书于天禄阁的故事而题匾"天禄琳琅"挂于殿内。殿之后，西室有匾为"慎俭德"，再后西室有匾为"五经萃室"，汇贮宋刻五经九十卷。

上书房在乾清门内。门两侧北向各有一排庑房，东为上书房，西为南书房。上书房是皇子皇孙读书的书屋。南书房是翰林大学士侍奉之处。其西北，月华门北侧的懋勤殿，广藏典籍，实为上书房、南书房的"书库"。地设乾清宫前，以便皇帝日常"稽察"。

重华宫原是乾西五所的一所清高宗为皇太子时的住所。即位后，应升为宫。宫的东配房名葆中殿，额为"古香斋"，西配房名浴德殿，额为"抑斋"。据《日下旧闻考》载："凡园亭行馆，有可静憩观书者，率以抑斋为名额"，因此，这里原是清高宗原先的读书处所。

毓庆宫原是清嘉庆为皇太子时所居。宫中的味余书室和知不足斋都是他旧日读书之处。"宛委别藏"则是嘉庆年间收藏四库别本的地方。

另外，东华门北的国史馆、文华殿前的内阁大库、西华门内武英殿前后用房、东六宫的景阳宫，也都藏有大量的历代册籍，只是所贮书籍的内容、规模、用途不同而已。

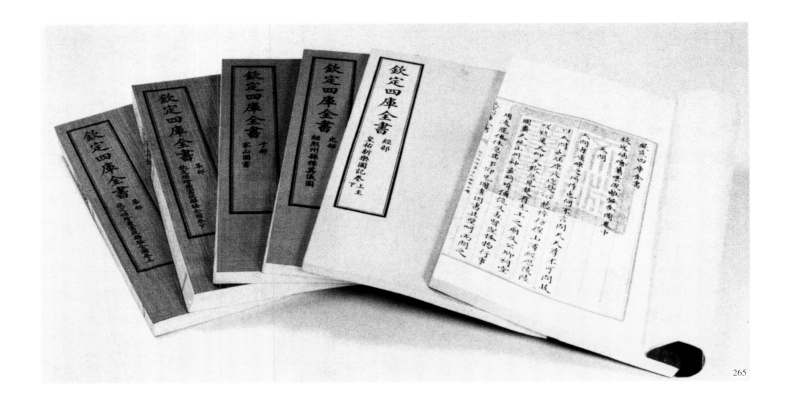

266. 文渊阁外景

267. 文渊阁碑亭

268. 文渊阁前廊券门

269. 文渊阁前石桥侧景

　　文渊阁是庋藏《四库全书》的地方，清乾隆三十九年（1774年）敕建。阁的结构和外观仿浙江鄞县著名藏书楼天一阁建造。阁面阔六间，前后出廊，分上下两层。室内加暗层，上覆以歇山顶，黑琉璃瓦镶绿色边，屋脊雕刻海水龙纹图案，檐下的梁枋彩画，内容是河马负图和翰墨册卷，造型美丽。

　　文渊阁东侧有一碑亭，与阁同时建造。亭内有高大石碑一通，镌刻有乾隆帝撰写的《文渊阁碑记》，背面是文渊阁赐筵御制诗。

　　阁前廊东西两山各辟一座白石券门，上配以绿色琉璃垂莲柱式的门罩，与灰色水磨丝缝的砖墙相衬，色调明快整洁。

270. 文渊阁内宝座

271. 文渊阁内书楼和书架

文渊阁室内以书架为间壁，中央三间形如广厅。当中设宝座，即昔日经筵赐茶处。

272. 昭仁殿外景

昭仁殿原是乾清宫的东暖殿。乾隆年间利用这座殿宇，贮宋、元、明时代的善本图书。清嘉庆二年（1797年）失火，藏书全毁。同年重建昭仁殿，又集中藏了一部分古代善本书，称《天禄琳琅后编》。

273. 御花园摛藻堂外景

摛藻堂位于御花园的东北隅，在浮碧亭迤北，是贮藏《四库全书荟要》的地方。

衙署及其他

紫禁城里，皇帝为便于行使统治国家的权力，设有许许多多直接为之服务的衙署、守卫值房和贮库等等。这些建筑物的特点是建筑制度级别低下，外形较为简单。一般处在离外朝、内廷较远的地方。即使安排在三宫三殿附近，也只能占用辅助位置，如廊庑、配房等，其位置是根据它们的使用功能确定的。这些衙署按部门分，主要有内阁、军机处、九卿房、蒙古王公值房和内务府等。

内阁是明、清两代设置宫中以辅佐皇帝办理国家政事的机构，主要是草拟和传达皇帝的诏令，批阅和进呈官员的奏章文书。内阁用房按职掌分设在不同地段的建筑物中。

内阁公署设在午门内太和门前广场的东侧，由协和门和两旁的 22 间庑廊组成。其中设有诰敕房和稽察房。

其他内阁用房集中在文华殿之南的院落中。正房是内阁堂，堂内东厢为汉票签处、侍读拟写草签处、中书缮写真签处和收贮本章档案处。西厢为蒙古堂，专门翻译蒙、藏、少数民族文字，以及管理蒙文实录、圣训等。西屋为满本房，校阅满文题本，缮写满文文件，收发进呈实录，管理实录库及皇史宬。东屋为汉本房，收发通本，翻译各项满文本单等。

内阁堂后的屋内设有满票签处、满票签档子房、稽察房和典籍厅，还设有中堂斋宿之所。其中典籍厅又分为南、北二厅，南厅收掌典籍厅大印，收发办理文稿及官员考绩等；北厅收掌国家宝玺和章奏，收藏红本图籍。

内阁大库包括红本库和实录库，都在内阁堂之东，是两栋砖木结构的二层库房，共 22 间。为避外火，以砖为表，不露木植。库内楼上楼下贮有明、清各种文档、舆图、卷宗以及大量史书等册籍。它们北面的国史馆贮有实录、会典等。

军机处曾有"办理军机事务处"、"总理处"等名称。本是雍正七年（1729 年）设立的内阁分局，后来随着许多机密政务都由内阁转到军机处办理，直接受皇帝支配，地位逐渐变得重要突出，而成为朝廷的中枢机构。军机处大臣是皇帝最亲近的才能充任，一切政事也都由他通过内奏书处进呈皇帝。

军机处设在乾清门外内右门西侧直庐之内，建筑简单，与一般值房并无差异。室内墙上有两方匾额：一方是雍正帝在雍正七年（1729 年）成立军机处时题的"一堂和气"；另一方是咸丰帝题的"喜报红旌"。

军机处于每次军功告成之后，由军机章京纂辑方略，存入武英殿之北的方略馆内。午门内西庑 22 间中的敕书房，也属军机处所辖。

清代皇帝在乾清门"御门听政"或在内廷召见官员时，九卿衙门的主要官员——吏、户、礼、兵、刑、工等六部尚书，都察院的左都御史，大理寺的大理寺卿，通政使司的通政使，都须在乾清门外的九卿房值候。蒙古的王、贝勒、贝子、公须在蒙古王公值房值候。

九卿房在景运门内北侧，蒙古王公值房在景运门内南侧。这里与隆宗门里的军机处虽然相距不远，却不准到军机处去同军机大臣攀谈，违者重处不赦。

内务府公署设在西华门内，武英殿北，掌管宫廷内务一切事宜。又设奉宸苑、武备院、都虞司、慎刑司、营造司和庆丰司。其中同宫中有关的机构分述如下：

武备院，管辖四库：甲库，专管盔甲刀等器械，设在体仁阁南的八间库房里；毡库，专管弓箭靴鞋毡条等，设在昭德门内东西 11 间庑房里；北鞍库，专管皇帝用的鞍辔、伞盖、帐房、凉棚等，设在左翼门内南北各四间庑房和体仁阁四间南庑房里；南鞍库，专管官用鞍辔等物，设在昭德门东的角楼里。

上驷院，曾名"御马监"，设在东华门内南三所之南，管理皇帝乘坐的御马。马厩就建在院署之旁，兼管南苑内厩。在紫禁城的西北角，有马神庙，每年春秋为皇帝所乘坐的马匹祀马神。

广储司，当管六库：银库、缎库、衣库、茶库、皮库和瓷库。银库设在太和殿西弘义阁里，铜器存在中和殿西庑房里，自鸣钟和御用冠服、朝珠存在乾清宫东的端凝殿里，缎库设在太和殿东体仁阁及中右门外的西庑房里。衣库设在弘义阁南的庑房里。北五所敬事房之东有四

274. 军机垫

275. 茶库值房

执库，也管理御用的冠袍、带履等物。武英殿西的尚衣监，是制作御服之所。茶库设在太和门内西庑房和中左门内的东庑房里。东六宫之东也专设有茶库及缎库。乾清宫东庑设有御茶房。皮库设在太和殿前的西南崇楼和保和殿东庑房里。瓷库设在太和殿前西庑及武英殿之西。

太医院，设在东华门北侧，专为皇帝看病。院旁有御茶房。另外端则门南与北五所的敬事房之西、还有寿药房。

宫内膳房甚多，其中最大的是箭亭东的外膳房。养心殿南有御膳房，专做皇帝用膳、各宫馔品及各处供献节令宴席。东西六宫及太后宫，另有小膳房。

箭亭建在景运门外的广场之中。广5间，带前后廊，上覆歇山屋顶，为武进士殿试阅技勇之处。在奉先殿诚肃门外及养心殿北的启祥门等处，都建有侍卫值房，立旗守护。太监总管住在坤宁宫北的静憩斋中。

276．军机处外景

277．军机处内景局部

军机处位于乾清门外西边隆宗门内北面一排连房的中间，其西为内务府大臣办事处，东为侍卫值房。军机处虽房子小、格局卑隘，但却是清代最高的政府机关。由雍正七年 (1729 年) 到辛亥革命 (1911 年) 止的 180 多年间，是清廷发施号令的地方。

清雍正七年，为了应付西北准噶尔部的叛乱活动，特别命一些满、汉军机大臣在乾清门西边小板房入值，随时等候皇帝召见。这原是一个临时性参谋部，后成为正式机关。所管理的事也不限于军事范围以内，而是掌握全国的军国要务。

军机处小板房在乾隆时代扩建成现状的瓦房。这里距养心殿很近，方便皇帝召见议事。军机处值房不仅外形卑小、内部陈设也非常简陋，除椅桌外，别无他物。值房南壁上有雍正书的"一堂和气"匾一方；咸丰时太平天国运动被镇压后，咸丰帝写了"喜报红旌"匾一方作庆祝，挂在东壁。

278．章京值房外景

279．九卿房外景

280．蒙古王公值房外景

281．内阁大堂外景

内阁大堂位于紫禁城东南侧文华殿迤南，紧临城墙。堂面阔三间，进深一间，带前后廊，硬山造，黄琉璃瓦顶。清代的内阁是辅佐皇帝办理国家大事的机构，内阁大堂是内阁官员办事的地方。

282．启祥门正面

283．箭亭外景

箭亭位于奉先殿南面的一片开阔平地上，又名紫金箭亭，是清代皇帝及其子孙练习骑马射箭的地方。箭亭虽然名为"亭"，实质上是一座独立的殿堂。箭亭外观，亭角微翘，房脊成人字形墁坡，二十根朱漆大柱承托回廊屋架，减少了我国古代建筑中特有的斗栱重叠的层次，是清代少有的建筑形式。

乾隆帝和嘉庆帝都曾在这里射过箭、操演过武艺。每当皇帝及其子孙在这里跑马射箭时，亭前摆起箭靶，八扇大门全部打开，人站在亭内开弓放箭，列队两边的武士摇旗擂鼓助威，情景热闹。

建筑结构与装饰

台基、栏杆

我国木构建筑中，台基、屋身和屋顶，为房屋的三个主要组成部分。商周以来，在宫殿建筑中，台基的发展是极为突出的。战国时各地诸侯以宫室的高台榭为美，台基日趋讲究。高台周围需设栏杆，因此台基与栏杆连为一体。而在最高等级的建筑里，把佛教象征世界中心的须弥山的佛像基座——须弥座移植到房屋的台基上，更增加了建筑的神圣庄严感。北宋的《营造法式》里也有"重台钩栏"的做法。

明代建筑对台基的设计极为考究。永乐年间修建的三座最高等级的建筑物——紫禁城奉天殿（今太和殿）、天坛祈年殿和长陵稜恩殿都是以三重白石台基、须弥座加栏杆为基座，使建筑物造型庄严、比例得当，更显得宏伟壮丽。这一成就发展了中国建筑台基的功能，把整座建筑造型推向了一个新的高度。不难想象，如果奉天殿、祈年殿和稜恩殿这三座建筑舍去下部的三重基座，是无法达到今天我们所能见到的这种庄严雄伟的艺术效果的。而在同样采用三重台基栏杆的做法中，又按建筑本身的造型布局及功能要求等的不同，分别采用圆形（祈年殿）、矩形（稜恩殿）和工字形（奉天殿）等三种不同平面处理，显得各有特色。奉天殿的一组建筑，把前后三个建筑物统一处理在一个高大工字形基座之上，更突出了帝王至高无上的气势。

三重台基栏杆的做法在全国古建筑来说是极为个别的。一般重要殿堂多用单层须弥座上围白石栏杆作为建筑的台基。如故宫的太和门、乾清门、宁寿门、乾清宫、皇极殿前部、钦安殿、奉先殿、武英门、武英殿、英华门及英华殿等，其殿前多设月台，栏杆望柱下挑出螭首。殿前踏跺的中间，随着踏跺坡度斜铺着巨石雕刻，称为"御路"。三台前后的御路各有三大块，保和殿后三台下面一块御路石长达 16.45 米，宽 3.06 米，周边用浅浮雕，雕着连续的卷草图案，上面雕着云气纹，中间的装饰主题用高浮雕突出了九龙奔腾，下端为海水江涯，雕得活灵活现，颇有阳春白雪之功。

栏杆由栏板和望柱两部分组成，置于台基之上。栏板由寻杖、荷叶净瓶、华版三部分组成，其中花纹变化较多的是华版部分，刻有海棠线纹、竹纹、水族动物、方胜、夔龙等图案。钦安殿更具特点的是穿花龙华版，雕刻有精美的图案，其中心部位是两条行龙，一条在追逐火焰宝珠，另一条在前面回首相戏，须发飘动，鳞爪飞舞，神态活现。龙的衬底是各种花卉。每块栏板的花纹组织又各不相同，栏板周边是统一的二方连续图案，其下是锦地，上边为卷草纹，整个画面组织得极为和谐。

望柱头的图案装饰，随着使用功能要求的不同而有变化。三大殿是皇宫的中心部位，也是皇权的象征，因此作为它的台基的三台栏杆的望柱头，全都采用龙凤纹图案。三大殿四隅崇楼周围栏杆的望柱头，由于建筑物本身地位次要，望柱头上的纹饰也就采用较次要的二十四气的图案。花园中的亭、台、楼、阁，周围所用栏杆的望柱头的图案是石榴头、云头、仰覆莲、竹节纹。武英殿东断虹桥两侧的石栏杆的望柱头的雕刻最突出。望柱头成荷叶状，叶边翻转折叠，生动自然。荷叶上是盛开的莲花，有三层花瓣，包着莲蓬。顶上雕有狮子，姿态各异，雌雄有别。有的昂首挺胸，正襟端坐；有的侧身转首，回环四顾；雄狮戏耍绣球，母狮抚弄幼子，那些小狮，大的只有 10 厘米，小的仅几厘米。它们在母狮身旁爬、翻、滚、伏，有如小儿之撒娇，顽皮天真，极为生动。这是紫禁城宫殿保存下来的望柱头中的佳品。

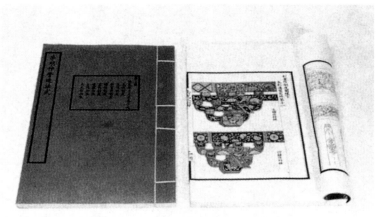

284.《营造法式》内的钩栏华板

285.《李明仲营造法式》书影

286.祈年殿

287.太和殿前御路接驳示意图

288.太和殿前御路

建筑结构与装饰

289. 前朝三大殿三台及汉白玉栏杆

290. 保和殿后三台下部云龙雕石御路

　　长16.57米，宽3.07米，厚1.7米，重约200多吨，是一块完整的巨大艾叶青石雕。石质柔韧，雕刻精绝。周边是连续的卷草，下端是海水江涯，中间九条蟠龙衬托在流云中，神态自然，雄健生动。两侧踏跺浮雕着狮马等图案，主次分明。此御路用材之巨，雕凿之精，石质之佳，以及艺术处理之妙，是古建石雕艺术的国宝。

291. 太和门前内金水桥御路

292. 太和殿月台前三台流云龙阶石御路

293. 乾清宫月台前石雕锦纹百花衬底蟠
　　　龙御路

294. 承乾宫前石雕双凤纹御路

295. 太极殿前石雕双龙御路

296. 养性殿前石雕水纹双龙御路

297. 皇极殿月台前石雕锦纹百花衬底蟠
　　　龙御路

梁　架

紫禁城宫殿中各类形式的殿堂楼阁，在外观上各具独特的艺术风格，这与建筑的内部构架是分不开的。

中国木构架体系到了明代，官式建筑已经高度标准化、定型化、规格化。紫禁城宫殿是工部直接营建的，因此它更是当时工程的典范，是官式做法的代表。

木构架有抬梁、穿斗、井干三种不同的结构方式，抬梁式构排架使用最为普遍，紫禁城的房屋也都是采用这种方法。

一般木构架，是沿着房屋的进深方向，在石柱础上立柱，柱上架梁，梁上再置爪柱，柱上再架梁，逐层缩短，层层叠架，形成屋面的坡度，所以这种做法称为抬梁法，也称叠架法。在排架之间，用横向的枋子联系脊爪柱的上端，并在各层梁头和脊爪柱上安装与排架相交的檩条，然后檩上钉椽承托屋面荷重，组成纵横牵连的构架。

但是宫殿建筑的屋顶形式多样，其复杂的部位多在两端。如把两端的砖墙砌成与瓦顶坡度相同，从侧面看，形如"凸"字形的墙壁，称为硬山顶。紫禁城中低等级的房屋如耳房、廊庑，甚至内阁大堂的屋顶，都属此类型。

比硬山顶稍高一级的房屋是悬山顶。它是把房屋两端的檩条挑出，上覆椽、望、瓦顶。在紫禁城主要庭院中的配房如文华、武英殿的配殿，神武门东西值房，西华门内外值房，多用这种形式的屋顶。

高级的房屋为庑殿式。它是把屋顶做成向四面流水的四大坡，由于四面都是圆和的曲面，所以宋、元以前把这种形式称为四阿式或四注顶。它的产生年代很早，新石器时代的仰韶文化（陕西宝鸡金河南岸遗址发掘中），就有这种形式的草棚。室内中央，有两根支柱，构造虽简陋，但从造型来看，它是雄伟殿堂的雏形。中国现存庑殿顶的最早大殿——山西省佛光寺大殿，是唐代四阿顶的代表作。但是这种类型的建筑庄严有余而富丽不足，所以紫禁城的最主要宫殿并未使用这种单檐庑殿顶，只有英华殿、景阳宫、咸福宫的前殿、奉先殿后殿、承光门以及体仁阁、弘义阁一类较次等级的建筑才采用此种形式。

为了给庄严隆重的庑殿式增加富丽气氛，在四阿顶的下面增加一层腰檐，称为重檐庑殿顶。这类型的建筑，等级最高，在紫禁城中只有外朝的太和殿、内廷的乾清宫、坤宁宫与家庙奉先殿，太上皇的皇极殿以及紫禁城的四面城楼为这种形式。

比庑殿顶略低一级的是歇山顶。它是悬山和庑殿顶的结合形式。这种屋顶的上部，两端用山花博缝如同悬山顶，但其檐部为四坡水，由于它的两端比悬山顶增加了两厦，所以在宋以前称"厦两头造"；又由于它的上部有正脊与四垂脊，檐部有四条岔脊（角脊），共计九条脊，所以又称九脊殿。直到清代雍正十二年（1734年）拟定《工程做法》时，才按房山坐在厦头的情况称为歇山顶。其构造多是用扒梁法承托"采步金"，采步金承载两山的桩椽，椽上卧踏脚木，立草架山花，形成歇山顶两端的骨架。

这种形式的屋顶玲珑、富丽、庄严、美观。紫禁城的多数殿、阁、门、楼都采用这种形式。东西六宫的多数前殿也是歇山顶。采步金有如梁或檩的做法：当椽后尾入槽，又似承椽枋，枋下又有采步金枋做法，上下都在同一缝。

歇山顶也有重檐的做法，称重檐歇山顶，多用于高大的殿阁，如天安门、端门、太和门、保和殿、宁寿宫、慈宁宫等。重檐的做法有多种构造。一般是在下檐大梁上再立接短柱（叫做童柱），以支承上檐梁枋，然后按步逐层叠架的方法，做出构架，并按单檐歇山的构造做出厦头和山花。

歇山式的屋顶，在西汉已有了雏形。不过最初是在悬山顶下的山墙上挑出一面厦子，犹如一坡水的雨搭棚，两个顶子瓦庑牵连，到东汉时才把两者结合成一体，形成九脊殿的形式。现存最古的木构建筑唐代建中三年（782年）的南禅寺正殿，便是歇山顶的最古实例。宋朝的歇山顶建筑很多，宋画中的《黄鹤楼》及《明皇避暑图》中的"十字显山"屋顶，就是两个歇山顶纵横相交的造型，显得玲珑秀丽。由于歇山顶的山面很美，有的建筑把歇

319

山顶的山面转向前，如北宋皇祐四年（1052年）的河北正定陵兴寺牟尼殿的四面抱厦，颇为别致。紫禁城的角楼，就是模仿宋画与元大内宫墙的十字脊四面显山三趜楼建造的。

紫禁城角楼是用六个歇山顶勾连组合为一个整体。三层屋檐计有二十八个翼角、十面山花、七十二条脊（不包括脊后掩断的十条脊）。特别难得的是室内整齐利落，没有一根落地柱子、室外不见梁头，造型玲珑而庄重，檐牙交错而统一。传说当年营建角楼时，由于设计难度很大，设计者虽废寝忘食地去构想，也难合乎理想。这情形感动了鲁班下凡，手提一个蝈蝈笼到他面前。这并非一般的蝈蝈笼，而是设计者渴望的角楼模型。后来就依照这个模型，设计施工，才有角楼这奇异的建筑成果。这个故事虽然是神话，但它反映了角楼的设计难度与用模型设计的优点。

此外，紫禁城中还有许多类型的屋顶，花园中的凝香、玉翠、御景、耸秀、撷芳等亭为小巧玲珑的四角攒尖顶，作为庭园的配景，还有用在主要殿阁之上的，如中轴线上的中和殿和交泰殿，在攒尖顶上覆以镀金圆宝顶，象征天圆地方之意，乾隆花园的主要建筑符望阁，为高大楼阁，其屋顶也是这种类型。四角攒尖也有用重檐的做法，以增加其富丽感，如建福宫轴线上的惠风亭，午门四角亭就是这种类型。乾隆花园碧螺亭为五角攒尖顶；奉先殿宰牲亭为六角攒尖顶；御花园四神祠为八角攒尖的勾连搭顶；千秋、万春亭的上顶为圆攒尖顶；文渊阁碑亭为形似古代将军盔状的盝顶；井亭的屋顶多是四周宽瓦中心留洞，上顶露天的瓦顶。又有外形轮廓形似古代存放印玺的匣匣"盝"，所以把这种屋顶叫做"盝顶"。紫禁城御花园的主殿钦安殿和元大内的"盝顶殿"，属于这种类型，但由于屋顶的围脊内做成微带坡度的平顶，并施重檐，而成为大殿的类型之一。

紫禁城的盝顶构架中，有一座小巧玲珑的井亭，下架为四方形的平面，在四根柱子的顶上承托着两端悬挑

的"扁担梁"。由于其方向为抹角的斜梁，于是四根斜梁与檐檩搭交，形成为八角形的盝顶，从两头悬空的檐檩来看，犹如横卧在扁担两头自由端点之上。使人惊奇的是，在未宽瓦之前，是不太稳固的，但是加上宽瓦后的屋顶重量，则稳如泰山。这个井亭虽历500年而无甚变化，尤其虽经多次地震，也无任何毁损，全由于设计中，充分掌握了力的平衡原理，以及施工时的胆大心细所致。

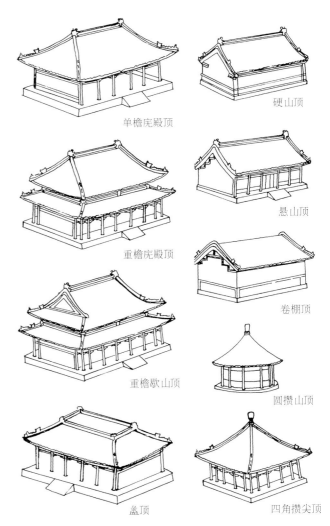

单檐庑殿顶

硬山顶

重檐庑殿顶

悬山顶

卷棚顶

重檐歇山顶

圆攒山顶

盝顶

四角攒尖顶

320

建筑结构与装饰

斗　栱

中国古代木构架建筑在发展过程中，利用悬挑梁的杠杆作用，创造出以方形坐斗为垫承托横木、上再置方斗，逐层叠挑、承托梁檩的办法。由于方形的垫块形似量器中的斗，横木两端抹角做成弓形的栱木，因而把这组构件叫做斗栱。

斗栱的起源很早。东周时的出土文物中已有了一斗二升斗栱的先例。汉朝的斗栱运用发展很快，不仅在木构架上用斗栱承托屋檐与楼阁的平座（古代楼阁中把周圈挑出的阳台叫做平座），而且东汉时的石阙、石墓上也广泛应用了斗栱。唐代斗栱已向纵深发展，用多层秤杆状的杆件挑出深远的屋檐，斗栱规模雄大。宋以后斗栱逐渐缩小，到了明、清两代建筑的开间增大，每间的斗栱则数量增多。太和殿的正中一间，在两柱之间的斗栱达八攒之多，上下两层檐都是溜金斗栱。这种斗栱从等级制度来说是最高级的类型，其特点是在后尾有较长的秤杆与邻近的内部勾连，加强了构件的整体性。

根据挑出的层数，斗栱有多种规格。使用时根据殿阁的大小、等级的高低而定。高大殿阁的斗栱也多高大繁复，出挑的层次也多。太和殿的下檐斗栱挑出四层（高为九材），上檐斗栱挑出五层（高为十一材），是斗栱中挑出层次最多的孤例。一般殿堂的斗栱挑出层次较少，配房廊庑如神武门值房、储秀宫配房等多不做挑出的一斗三升斗栱。这样的安排，不仅造型的权衡比例很合宜，而且在力学上也较合理。因为大殿的屋顶面积大，出檐大，斗栱的荷重大，所以用功能强、探挑层次多、弹性好、出挑多的斗栱。而廊庑的斗栱负荷小，出檐小，所以有不同的安排。

斗栱的布置，一般都安放在房屋周围的檐柱、额枋、平板枋上。大型殿阁还在房屋的檐下布置周圈斗栱。这种斗栱的形状是里外两端对称，从侧面看犹如逐层叠铺的品字。古建中把这种对称悬挑、左右均齐的斗栱称为品字斗栱。其作用除了支承上架梁柱与天花外，还起到上下大木构件的弹性结点作用。

斗栱在梁枋之间，其功能犹如现在车辆所采用的钢板弹簧弓。虽然用材不同，但层层叠挑的原理是一样的。尤其把木材做成许多小木枋，更增加了弹性作用。因此太和殿的屋顶重量虽达 2000 余吨、屋脊与地面的距离为 35.05 米，脊上还竖有两件 3.4 米高、4.3 吨重的大吻，但在大地震的强烈摇晃中并未甩掉，反而有些矮小房屋会墙倒屋塌，这个对比足以说明斗栱的抗震功能。

其次，古建筑出檐深远，檐部便要负荷很大的重量。明、清宫殿的出檐虽比唐、宋略小，但为了保持内外平衡，除用平身科斗栱分担檐部荷重外，并把秤杆尾部拉长到下金桁枋之间的称为溜金斗栱去分担。还有一种斗栱后尾悬空，如文华门、太极殿的斗栱其平衡作用是依靠檐部的荷重过大，后尾势必上挑的反力，挑着金桁枋，非常巧妙，这种做法称为挑金斗栱。这不仅利于承托檐部重量，而且还给内部的金檩增加了支点，使金檩成为多跨连续梁；从力学来看这是很科学的。

一座木构建筑的结构杆件，少则百十件，多则上千件，要把这些杆件组合一体，一般是用榫卯结合的方法。但殿式大小木除了用杆件间的榫卯直接结合之外，还增加以斗栱作为过渡传力的间接结合。这种结合方式等于增加了梁托，扩大结点的接触面积，增加了构架的抗弯、抗剪、抗压和抗震功能。

屋面装饰

中国古典建筑是非常讲究造型艺术的，即使是屋顶的轮廓装饰也颇考究。屋面坡度的曲线自然柔和，檐角向上翘起，确有如翚斯飞的形象。宫殿建筑再配上多种琉璃构件，这不仅是结构上的实用，也是屋面上重要的装饰。有了这些装饰，屋顶显得巍然高耸，如翼轻展，增加了外观的优美。

紫禁城的大小宫殿、楼堂馆舍、亭轩廊庑，大都是用不同颜色的琉璃瓦覆盖。根据建筑物的功能和等级来确定屋面装饰。而屋面各类型脊的使用和瓦件的选择是根据各种不同的屋顶样式进行装饰的。屋面所覆的瓦有板瓦和筒瓦之分，板瓦面微凹扁而宽，相叠成行，并比排列；筒瓦即半圆形瓦，覆盖板瓦两行边缘、相接成陇。屋顶上安装多种形象的琉璃饰件，如在正脊和垂脊相交处置正吻，檐角还有仙人和多种样式的小兽。歇山的两侧有山花，通常雕饰成金钱寿带。悬山顶的两头加博缝板，并钉有梅花钉加以装饰等。

太和殿是皇帝的大朝正殿。殿顶是用中国古代最尊贵的重檐庑殿式。屋面是五条脊四大坡。殿顶端正脊（也称大脊）两头装饰着龙形的大吻，张口吞脊、尾部上卷，背插留有剑把的宝剑。大吻在宋代《营造法式》中又称"鸱吻"。据《唐会要》中所记："汉柏梁殿灾后，越巫言海中有鱼，虬尾似鸱，激浪即降雨，遂作其像于屋上，以厌火祥。"建筑师们将这种传统中动物形象加以美化装饰，并用宝剑使之镇住在脊端，以寄托却除火灾的希望。殿顶檐角小兽是按规定的顺序由前而后分别是龙、凤、狮子、海马、天马、狻猊、押鱼、獬豸、斗牛、行什。最前端还有一个骑凤的仙人。明、清时代各种琉璃装饰构件的式样和

大小，也是由宫殿的等级而决定的。太和殿的正吻由13块琉璃构件组成。吻通高3.4米，重4.3吨，檐角小兽是十个。乾清宫是皇帝居住和办理政务的地方，其地位仅次于太和殿，因此屋面装饰的琉璃构件也小于太和殿，檐角小兽用九个（减去行什）。坤宁宫明代是皇后的寝宫，清代是祭神和结婚的洞房，屋面装饰瓦件也缩小型号，檐角小兽是七个，减少狻猊、斗牛、行什三个。东西六宫是妃嫔的生活区，屋面瓦件又小一些，檐角小兽是五个。其他配殿和门庑比主殿屋面琉璃瓦件相应缩小型号和减少檐角小兽。一些用琉璃瓦装饰的小房和门的屋顶，所用的琉璃构件型号就更小了，而檐角的小兽有的仅用一个或者下用。明、清时代屋面所用的琉璃构件的建筑材料进一步标准化，这不仅能统一规格，加快施工进度，同时也反映了封建等级制度的森严。

中国古代建筑，每座殿宇屋面的装饰，无论是屋顶样式或琉璃构件的选择，都是从整体效果去考虑安排的。以前朝的三大殿为例，太和殿是重檐庑殿顶，保和殿是重檐歇山顶，两殿之间布置一个矮小的四角攒尖式的中和殿，参差变化。四周配房门庑各殿屋顶式样又与三大殿主体相配合。正门——太和门是重檐歇山顶屋面，太和殿前左右对称的东配楼体仁阁、西配楼弘义阁的屋面同是单檐庑殿顶，两阁之南还有东西相映的单檐歇山顶的屋面，形成以太和殿为主体的广大庭院。其后又有以保和殿为主的第二进院，两庑是连檐通脊硬山顶的屋面。三大殿的四隅再各有重檐歇山顶方形的崇楼。这样的屋面装饰变化，不仅区别主次，而且在统一中又有多变的艺术风格，使整个宫殿在严谨中又有生动的气氛。

351. 宁寿宫花园碧螺亭琉璃宝顶

352. 御花园千秋亭琉璃宝顶

353. 角楼铜镀金宝顶

354. 交泰殿铜镀金宝顶

355. 御花园浮碧亭琉璃宝顶

356. 宁寿宫花园如亭宝顶

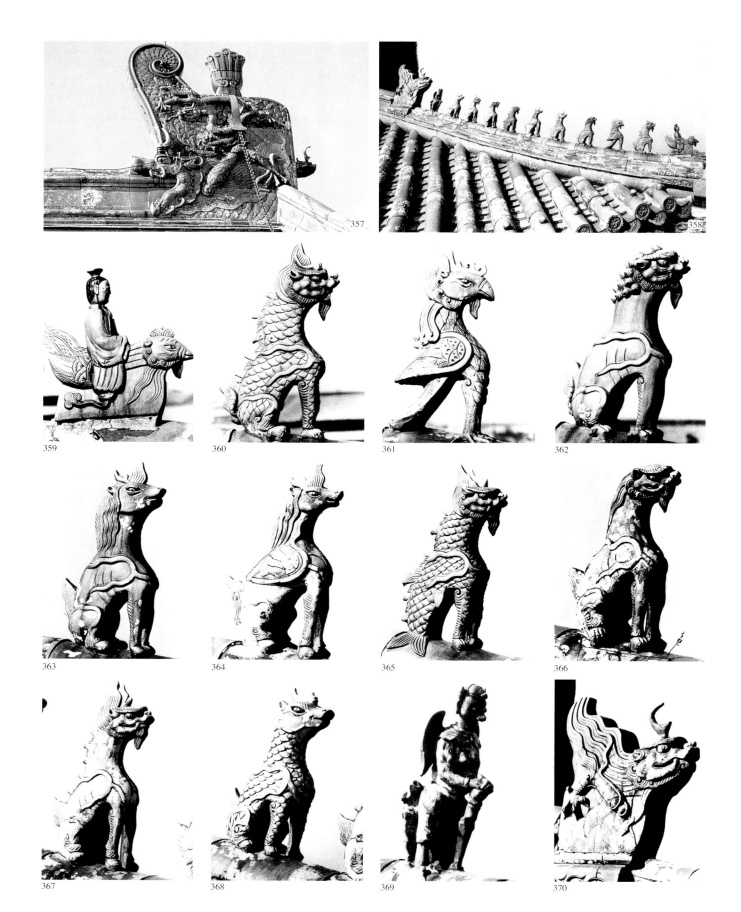

建筑结构与装饰

内外檐装修

装修，分外檐装修和内檐装修两种。

外檐装修是露在建筑物外面的门窗部分，种类很多。门，有隔扇门、板门、风门、屏门等。窗，有槛窗、支摘窗、横披窗、什锦窗等。各主要宫殿通常用隔扇门和槛窗。隔扇门的上部称隔心，下部是裙板，较大的隔扇门还加绦环板。槛窗没有裙板，而建于槛墙之上。

外檐装修最高等级的花纹式样，有双交四椀菱花隔心，三交六椀菱花隔心和三交述纹六椀菱花隔扇等。例如太和殿外檐的门窗用的都是三交六椀菱花隔心，门窗下部是浑金流云团龙及翻草岔角裙板，贴金看叶和角叶的金扉金琐窗，华贵富丽。后妃生活区的外檐装修，在清中叶以后出现了大琉璃框的门窗，外加可开可关的支摘窗。窗花纹的图案，更多姿多彩，如有步步锦、灯笼框、冰裂纹、钱纹、盘肠、卐字、回纹等。东六宫之一的钟粹宫隔扇门的裙板和横披窗，都是雕刻着别具风格的竹纹，与周围廊庑、垂花门、屏门相配合，组成三合院的庭院住宅形式。

内檐装修是建筑物内部划分空间组合的部分，类型多样，特别是后妃寝宫的内檐装修，选料考究，花纹雕饰精美。室内常用隔扇门（也称碧纱橱）、板壁、博古架或书架遮隔，使室内产生既分隔又有联系的效果。更多的是装置各种不同类型的罩，如几腿罩、落地罩、花罩、栏杆罩等，造成半分半断、似分似合的意趣。所用大都是紫檀、花梨、红木等上等材料，雕刻讲究，有的还透雕出几层立体花样，非常精致。例如西六宫室内隔扇门的隔心以灯笼框为最多，框心安装玻璃或糊纱，上面或绘花卉，或题字，非常雅素。加之悬挂上宫灯、楹联、条幅、贴落，使室内充满了诗情画意。随着手工业的进一步发展，室内装修也更加丰富多彩，出现了用缀合各种手工艺品而组成的花饰。如乾隆花园一些宫室内的隔扇心所用工艺品，有双面刺绣、嵌玉、嵌螺、嵌景泰蓝，还有拼竹纹、嵌瓷片等，种类多达几十种，且极精致。

紫禁城各宫殿内外檐装修之丰富，题材之多样，工艺之精美，室内空间分隔和组合的构思和技巧，则为前代所

罕见。外檐装修的门窗，开始是为了避风雨、防寒暑和采光的需要；内檐装修的各种花罩和隔断，开始也是为了居住的方便。但宫殿内的装修，经过了艺术加工，也就更富有装饰趣味，艺术水准很高。

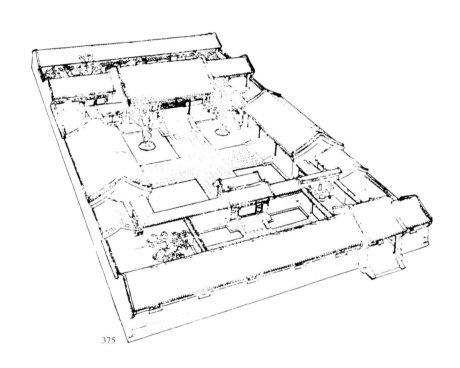

375

376

375. 北京典型四合院住宅鸟瞰图

376. 菱花钉

377. 乾清门内实榻大门

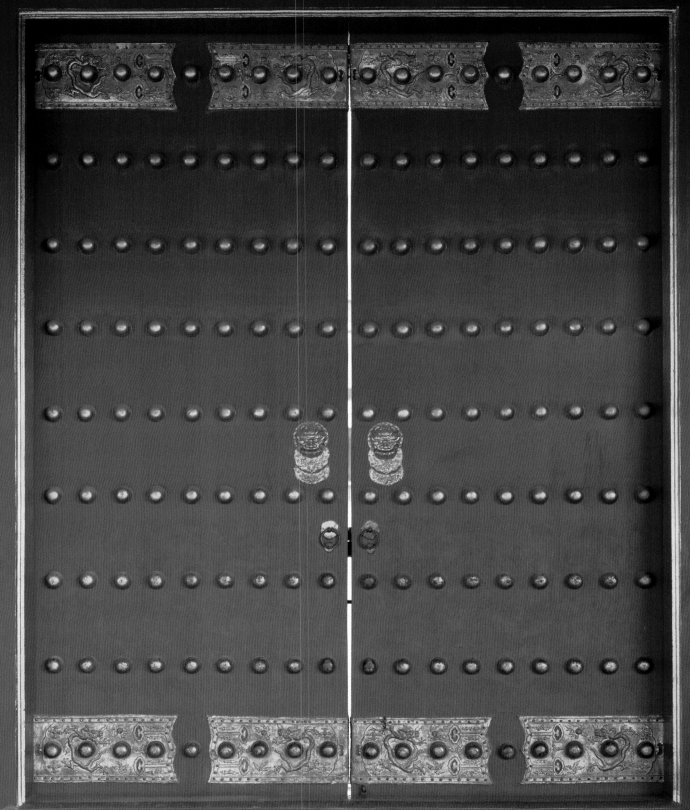

378. 宁寿门内实榻大门上铺首

379. 宁寿宫花园衍祺门内实榻大门上铺首

380. 乾清门内实榻大门上铺首

　　铺首，又叫门铺。紫禁城内各处的大门
上大多是兽面铺首，多为铜面叶贴金。其兽
面的形象类似雄狮，在卷发中有一对犄角，
凶猛而威武，这与宫殿前陈设狮子有同样意
义。兽面口衔门环，环下垂，但多数不能活动。
环下有月牙形托，环与托上都有行龙花纹。

381. 宁寿宫门钹

382. 乾清宫内暖阁板门及毗卢罩

378

379

380

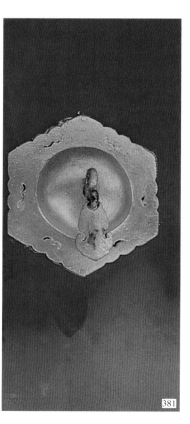

381

383.太和殿三交六椀菱花隔扇门团龙浑金裙板

384.漱芳斋院东屏门

385.养心殿钱纹隔扇门、四合如意头裙板

386.交泰殿隔扇门龙凤纹裙板

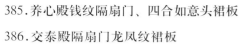

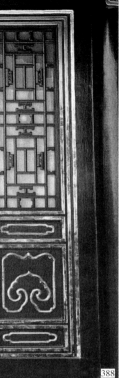

建筑结构与装饰

395. 交泰殿龙凤双人字看叶及扭头圈子

396. 奉先殿隔扇门如意头裙板

397. 神武门隔扇门梭叶

398. 宁寿宫隔扇门如意头裙板

399. 坤宁宫宝香花双人字看叶

400. 乾清宫隔扇门浑金团龙裙板

401. 皇极殿隔扇门浑金团龙裙板

402. 翊坤宫隔扇五蝠捧寿梭叶

403. 宁寿宫花园古华轩东侧露台下层钱纹漏窗

404. 漱芳斋博古纹挂檐板

405. 宁寿宫花园如亭什锦窗

406. 乐寿堂西梢间槛窗

403

407. 漱芳斋后高云情、灯笼框槛窗和隔扇门

408. 乐寿堂内檐方框嵌珐琅隔扇门

409. 漱芳斋内缠枝莲花罩

410. 翊坤宫内花罩

411. 漱芳斋内花罩局部

412. 翊坤宫内花罩局部

藻井、天花

紫禁城宫殿内的藻井，一般都用在庄严尊贵的殿宇内。如皇帝举行大典礼的太和殿，皇帝办理政务的养心殿，去天坛祭祀前使用的斋宫，乾隆皇帝准备当太上皇时使用的皇极殿，供奉玄天上帝的钦安殿等重要建筑物，都有藻井，而后妃居住的东西六宫，由于等级所限，都不装饰藻井。

藻井的结构非常复杂，它比天花更富有装饰趣味。从紫禁城各宫殿内保留下来的藻井可以看出，藻井的造型大体是上圆下方。由上、中、下三部分组成。以太和殿藻井为例，下部是方井，高0.5米，直径5.94米，上置斗栱承重。藻井中部的八角井，是承上启下的过渡部分，高0.57米，直径3.2米，用多道抹角枋，构成三角（又称角蝉）和菱形，雕刻有龙凤纹。抹角枋上置雕刻有云龙纹图案的随瓣方。上部圆井高0.72米，直径3.2米，周围施以二十八攒组成的一圈小斗栱，承受着圆形盖板（又称明镜）。在顶心、明镜之下雕有蟠龙，口中悬珠，与地面上的雕龙金漆宝座、各种精致的陈设和以龙纹为主的梁枋互相衬托，整个大殿显得金碧辉煌、庄严肃穆。

此外，御花园内的千秋亭和浮碧亭，由于等级的不同和所处的环境有异，也各有别具风格的藻井，都是形象美观、造型精致的艺术杰作。

这些明、清时代的藻井，题材多，构图谨严，设色以青绿冷色为主，大面积用金，绚丽多彩，为宫殿建筑的装饰艺术增添了新的光辉。

紫禁城殿宇内的天花，大多是明、清时期的遗物。其结构做法，大体分两类：一种是井口天花；一种是软天花。

井口天花用木条（亦称支条），纵横相交，分割成若干个小方块，按方块覆盖木板（亦称天花板）。由于形状像"井"字，所以称为井口天花。天花板的中心部位画圆光，用青色或绿色作地，内画龙、凤、花卉等各种图案。圆光四周的岔角，颜色与圆光反衬，如圆光用青色，岔角则用绿色。岔角常用流云或卷草等图案，有沥粉贴金的称金琢墨彩画，染丹青颜色不贴金的称烟琢墨彩画。支条十字交叉部位，中心画莲瓣形毂轳，四周边框画燕尾。

软天花是用木格篦子做骨架，再满糊麻布和纸，在纸上画出井口支条和各种图案的彩画。这种软天花大都用于后宫较低等级宫殿，以后妃居住的东西六宫用得较多。

紫禁城宫殿内天花上的彩画，图案很多，最尊贵的为龙凤图案。如前朝的太和、中和、保和三大殿和内廷的乾清宫、交泰殿、坤宁宫，用的都是这类画题。而后妃居住的宫殿及花园中亭、堂、楼、阁内的天花彩画，则选择富有生活气息的题材。如景阳宫内天花用双鹤图；御花园的浮碧亭天花用兰花、牡丹、水仙、玉兰等多种花卉组成的百花图彩画；四神祠用缠枝莲天花；贮藏《四库全书》的文渊阁用别具风格的金莲水草天花。乐寿堂和古华轩的天花不绘彩画，而是用楠木本色雕制成卷草图案，与室内装修浑然一体，富丽雅致。倦勤斋内有一座小戏台，天花彩画是海墁式的藤萝，由后檐墙蔓延而生，布满顶棚。戏台背后是山峦重叠的壁画。整个戏台的这些衬景，形成了"室内花园"的趣致。

413. 太和殿藻井

414. 交泰殿藻井

415. 养心殿藻井

藻井是安置在庄严雄伟的宝座上方，或者在神圣肃穆的佛堂顶部的天花中央的一种"穹然高起、如伞如盖"的特殊装饰。

藻井在汉代已有。关于藻井，在《风俗通》里记载说："今殿做天井。井者，束井之像也；藻，水中之物，皆取以压火灾也。"可见，藻井除作为装饰外，还有避火之意。

太和殿藻井在殿正中宝座前上方天花中央。井上圆下方，是一种典型的做法。全井分上、中、下三层，最下层称方井，井口直径将近6米；中层为八角井；上部叫圆井。三层通高将近1.8米。方井及上部圆井各施斗栱一层，中部八角井满布云龙雕饰。穹隆圆顶内，盘卧巨龙，俯首下视，口衔宝珠，庄严生动。整个藻井的制造极精细，全部贴两色金，与宝座上下呼应。再衬托耸立的浑金蟠龙柱，表现了雍容华贵，至高无上的气派。

414

416．斋宫藻井

417．慈宁花园临溪亭内海墁式藻井

418．御花园内澄瑞亭藻井

419．南薰殿藻井

420. 御花园堆秀山下部堆秀门内穹窿式
　　　的石雕蟠龙藻井

421. 御花园内万春亭藻井

420

422. 保和殿内毂轳燕尾支条坐龙天花

423. 南薰殿锦纹支条双龙戏珠天花

424. 乾清门内升降龙戏珠天花

425. 太和门内毂轳燕尾正面龙天花

426. 宁寿宫花园矩亭编织纹天花

427. 宁寿宫花园古华轩木雕花草天花

428. 乐寿堂木雕花草天花

429. 宁寿宫花园碧螺亭木雕折枝梅花天花

430. 御花园四神祠宋锦纹支条缠枝莲天花

431. 御花园内玉翠亭花卉天花

432. 御花园浮碧亭百花图天花

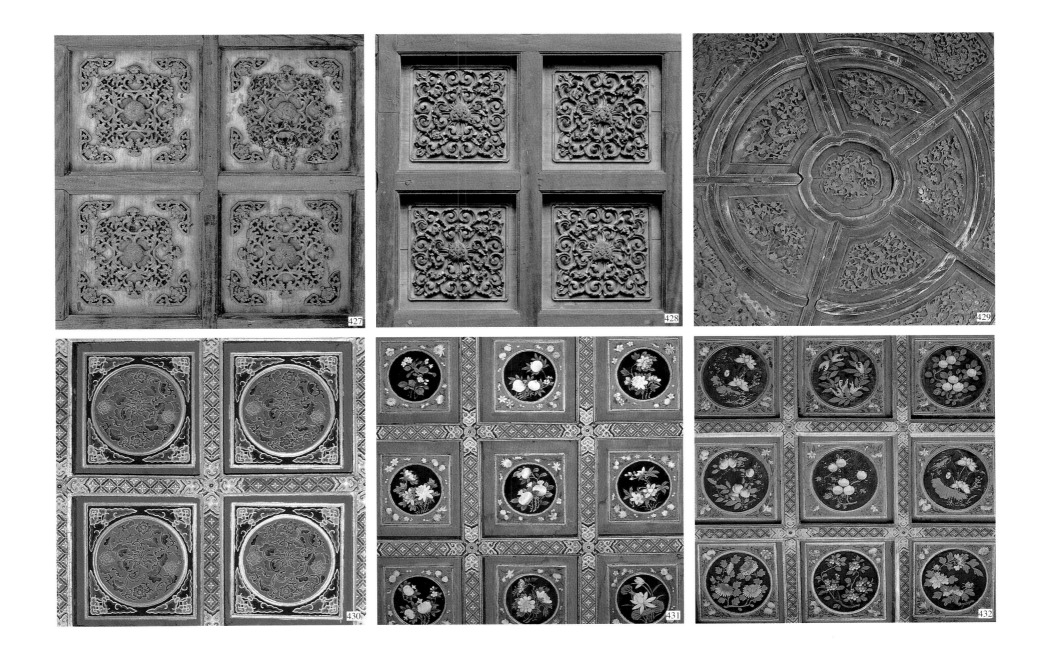

彩 画

在雄伟壮观的建筑物上施以鲜明的色彩，取得豪华富丽的装饰效果，是中国古代建筑的重要特征之一。彩画就是建筑艺术在使用与装饰相结合的卓越成就。彩画最初是为了木结构上防腐防蠹的实际需要，涂以植物或矿物颜料，加以保护，后来才和美的要求统一起来。到了明、清时代，彩画已成为宫殿建筑不可缺少的一种装饰艺术。

明、清时期的彩画有严格的等级制度。明朝规定"庶民居舍，不许饰彩画"，就是紫禁城内各座宫殿的彩画也有严格的区分。从紫禁城各宫殿内外檐彩画可以看出，外朝和内廷最主要的宫殿用的是和玺彩画，这是彩画中等级最高的。和玺彩画由枋心、藻头、箍头三段组成。箍头在最外侧，用两道竖线相隔，中间画面为圆形盒子。藻头靠近箍头，用"⧸"（锯齿形）两道括线相隔，中间置画面。枋心在两边藻头之间，居于中心，画面最大，位置突出。它的主要特点是用各种不同姿态的龙或凤图案组成整个画面，间补以花卉图案，且大面积沥粉贴金，因此产生金碧辉煌的效果。梁枋檩桁的用色规制，明间采用上青下绿，次间则上绿下青，依次互相调换，构成协调匀称的画面。

旋子彩画是一种等级次于和玺彩画的彩画，多用于较次要的宫殿、配殿及门庑等。例如太和、中和、保和三大殿用的是和玺彩画，而左右的门和庑房则用旋子彩画，较偏僻的英华殿、箭亭等处用的也是旋子彩画。旋子彩画画面的区划和色彩的搭配跟和玺彩画大体相同。旋子彩画跟和玺彩画主要的区别部分是藻头。旋子彩画藻头图案的中心叫花心（旋眼），花心的外圈环以两层或三层重叠的花瓣，最外绕以一圈涡状的花纹，称作旋子。旋花的位置以一整两坡（一整团旋花、两枚半个旋花）为基本构图，随着梁枋檩枋和大小额枋的长短高低的不同，画面旋花可以有不同的组合。旋子彩画枋心的画法有多种：枋心，大小额枋一画龙，一画锦纹，称龙锦枋心；只画墨道称一字枋心；刷青绿退晕，不施花纹的称空枋心；画锦纹和花卉的称花锦枋心。枋心画题的配置，向有固定的式样，视藻头旋花类型而定。

旋子彩画按各个部位用金的多寡和颜色搭配的不同，分为以下几种：一、浑金旋子彩画（藻头枋心、箍头画面满贴金）；二、金琢墨石碾玉（花瓣用青绿色退晕，花心菱地点金，一切线路轮廓都用金线）；三、烟琢墨石碾玉（花瓣用青绿色退晕、花心、菱地点金、线路用金线，花瓣轮廓用墨线）；四、金线大点金（花心、菱地点金，线路用金线，花瓣轮廓用墨线）；五、墨线大点金（花心菱地点金、线路花瓣用墨线）；六、墨线小点金（线路、花瓣用墨线，仅花心点金）；七、雅伍墨（不用金）；八、雄黄玉（以黄色为主，旋花青绿色退晕）。以上类型彩画的采用，视建筑物的等级而定。

紫禁城宫殿现存的彩画大部分是清代所绘，但钟粹宫和长春宫内檐梁架上及武英殿前南薰殿的内檐上，至今还保留有明代的旋子彩画。有的旋子彩画以莲座上加石榴或云头为花心，周围置蓄莲叶，外层绕以包瓣式旋花；有的旋子彩画以蓄莲叶顶端置云头做花心，周围做环状的大形如意头。南薰殿的彩画用平金开墨的双龙戏珠做枋心，而其他几处都是退晕的空枋心，枋心两尖端不做直线，而用一种连续曲折的弧线与藻头旋花相配合，极为和谐连贯。明间比次间画面长，除采用插入盒子来调节比例外，并在一整两破旋花之间用连续折叠的旋纹加以连缀，使之适应画面的长度。檩枋和梁枋是不同体形的画面，也选择不同构图的花纹。例如檩桁是圆体的转折面，因而用扁长环状的大型如意头；梁枋是方体转折面，则用椭圆形的旋花。这样处理既满足画面宽窄不同的要求，又能满足视觉的观感，避免画面流于平淡呆板，是极成功的艺术手法。

旋子彩画是明代宫殿建筑中最盛行的一种彩画。画面布局灵活，富于变化。花心面积大，旋瓣采用青绿相间与退晕相结合的办法，色彩在对比中求得变化。花纹结构有简有繁，彼此参差变化，使花纹形象突出，造型简单明确。旋花的主要部位用金，则起点睛与分明主次的作用。这些特点结合一起，最后达到浑然一体的艺术效果。清代的旋子彩画是继承了明代的传统风格并有所变化，并且为了设计及操作技术上的方便，使之更加规格化和标准化。

紫禁城花园的亭台楼阁中的彩画有苏式彩画。苏式彩画的画面枋心主要有两种式样：一、是与和玺、旋子彩画同样采用狭长形枋心；二、是在较大的梁枋上或者将檐檩、檐垫板、檐枋三部分的枋心连成一气，做一个大的半圆形，称搭栿子（通称包栿）。包栿的边缘轮廓用连续折叠的线条将色彩由浅及深的逐层退晕。藻头部分常绘扇面斗方、桃形、葫芦形等各种象形的集锦式的画面。外加卡子（束草和几何图案）作括线。整幅画面两端是贯通的箍头。此外还有海墁式苏画。

紫禁城宫殿保存下来的苏式彩画多是清中叶以后的遗物，例如乾隆花园、御花园等处的部分彩画。到清代晚期，后宫的东西六宫也有用这类彩画。它比和玺、旋子彩画布局灵活，画面所用题材广泛，多用山水人物故事、草虫花鸟以及吉祥图案。这些画题与生活上的要求及周围的环境密切相连。例如花园中的亭、台、楼、阁以及曲折的游廊施以题材多变的苏式彩画，或与周围山石花木相搭配、错落辉映，或与室内大量镶嵌雕镂的家具及室外各种精致的陈设相衬托，遂形成协调连贯的整体，成为中国宫廷花园的独特艺术风格。

和玺彩画、旋子彩画、苏式彩画以及龙锦彩画（以龙和锦组成画面）等，都是以青绿为主体的冷色调彩画。这些彩画，不仅起区别主次、划分类型的作用，而且有在统一中求变化的艺术手法，使宫殿建筑艺术更加丰富多彩。

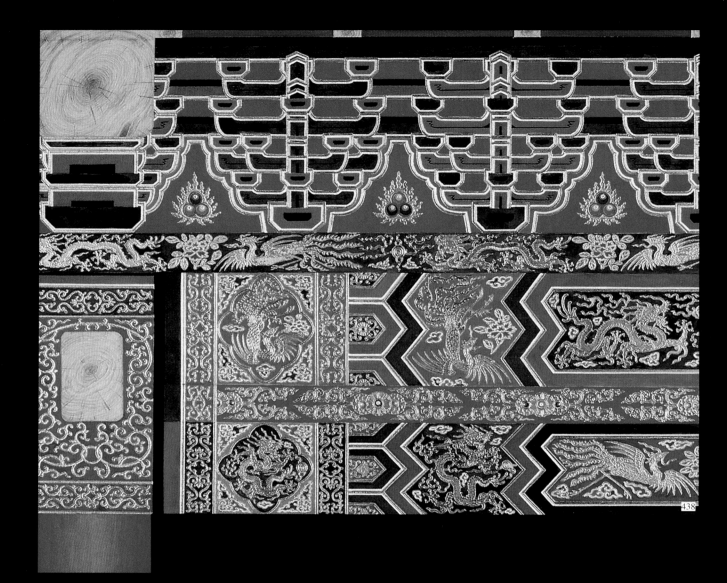

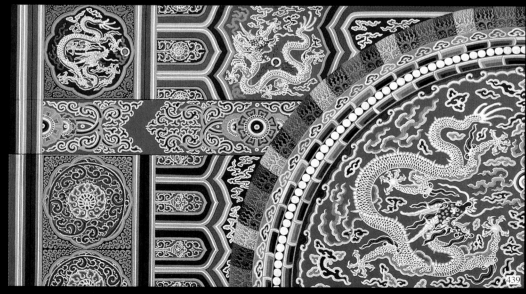

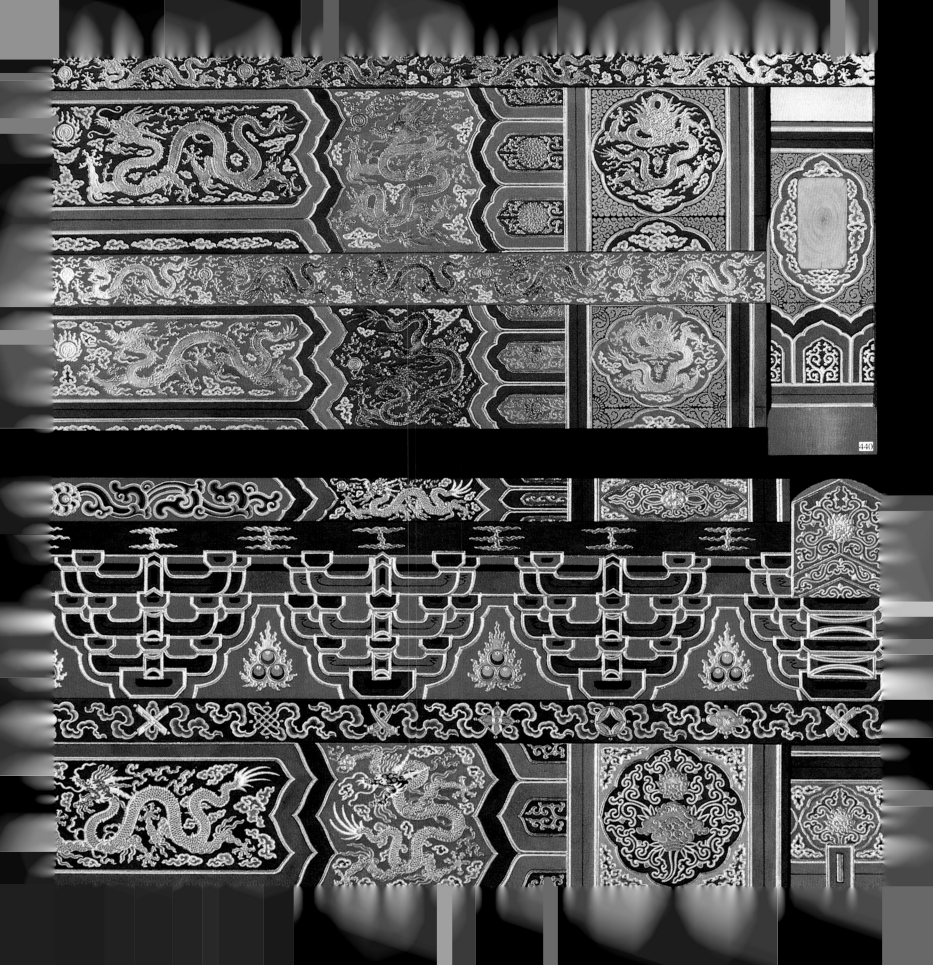

442.御花园钦安殿内檐梁枋龙凤和玺彩画

443.太和殿内檐天花梁金龙和玺彩画

444.保和殿内檐天花梁包袱方心双龙戏珠彩画

443

444

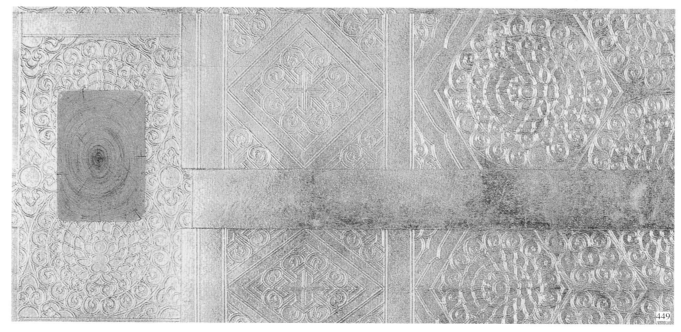

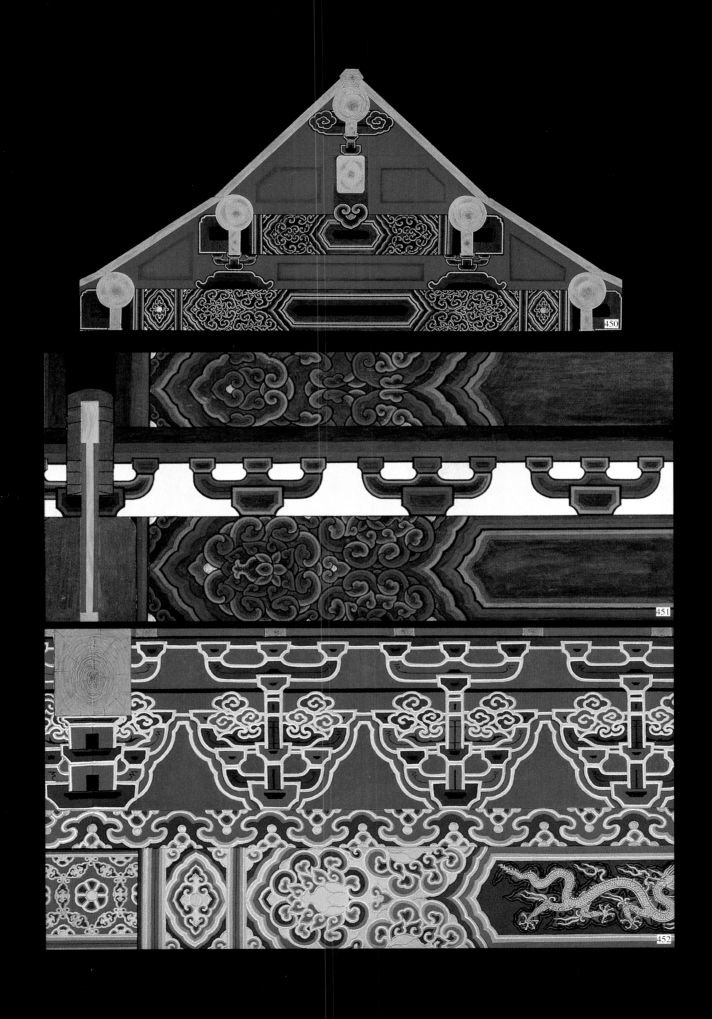

450

451

452

453. 慈宁门内檐梁枋龙凤方心金琢墨石碾玉旋子彩画

454. 奉先殿外檐大小额枋金线大点金旋子彩画

455. 皇极殿西庑一字方心墨线大点金旋子彩画

456. 西北角楼外檐檩枋龙锦方心墨线大点金旋子彩画

457. 神武门内东值房外檐檩枋碾玉装旋子彩画

458. 协和门外檐龙锦方心金线大点金旋子彩画

459. 隆宗门梁架一字方心墨线大点金旋子彩画

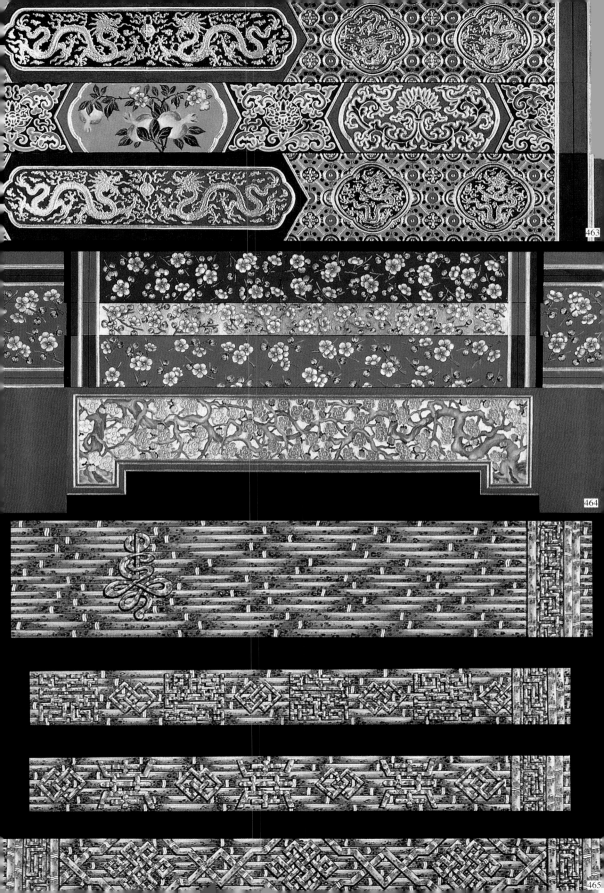

463

464

465

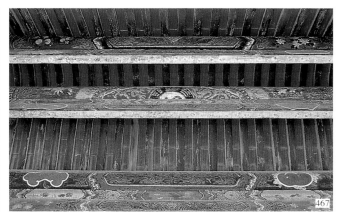

琉璃装饰

紫禁城内的大小宫殿、内廷各宫殿区的墙门、院落的院门、照壁、墙面以及花园里的花坛等，都广泛使用琉璃装饰。琉璃装饰的图案要根据建筑物的等级和功能来确定。皇帝使用的宫殿的琉璃装饰完全用龙的图案，如乾隆皇帝做皇子时的居所——重华宫就是这样。东西六宫是后妃居住地，通常用禽鸟、花卉等图案做琉璃装饰。而在一些次要的院落里，则只用素琉璃装点而没有花饰。

琉璃釉色莹润光亮，色彩丰富。它比木材坚固耐用，比石材色彩鲜艳。用它装饰建筑物，可以使建筑的造型更加美丽，也可以烘托建筑空间布局的气氛，是体现建筑艺术效果不可少的手段。例如：乾清门广场以宽阔的横街作为外朝与内廷的界线，乾清门作为内廷的正门，比起高耸的三台，自然显得低一些。但是，在门两侧装饰的八字照壁，却吸引人的视线，增加了宫门的气魄，收到了富丽豪华的艺术效果。

用琉璃装饰建筑物，更显得华丽。内廷的墙门和院门的琉璃装饰，通常是用琉璃瓦顶，檐下斗栱不用木制构件而是用琉璃仿制，额枋檩桁则用琉璃贴面雕刻成空枋心的旋子彩画。门腿两旁在须弥座上砌起略矮于正门的琉璃照壁，壁面四角有岔角，当中有圆形盒子装饰着各种图案。如养心殿是皇帝的寝宫和处理日常政务的地方，因此，它的宫门和照壁也非常华丽。不仅宫门檐下斗栱、檩枋用琉璃制造，两旁照壁的岔角是四种极富质感的花卉，当中是鹭鸶卧莲刻有海棠线的圆盒子。整个照壁画面以黄色线砖为框，以绿色琉璃面砖为底，白色的鹭鸶、绿色的荷叶、黄色的荷花、碧水彩云萦绕其间，花纹线条流畅，构图新颖，

题材别致，极富有装饰趣味。又如宁寿宫一区的皇极门，由于墙垣高大，不用随墙门的式样，而是采用类似木结构牌楼门的做法，用琉璃砌成三间七楼加垂莲柱的三座门，把大门装饰得更加壮观。尤其吸引人的是，在皇极门南面立起一座体形庞大的琉璃照壁，俗称九龙壁，长29.4米，高3.5米。照壁下布置须弥座，顶端琉璃大脊雕刻出水纹和九条龙，如同在海水中翻腾。照壁正身是九条巨龙，四周满布琉璃花饰，龙的形体有坐龙、升龙和降龙、宛转自如，神态各异，下边是以海水、流云为背景。为了突出龙的形象，用黄、蓝、白、紫等多种颜色，并采取高浮雕的手法塑造，使之富有立体感，整个照壁的造型极为鲜明生动。

供奉道教的钦安殿前面的天一门和英华殿佛堂前面的英华门两处琉璃照壁，在装饰上是另一种风格、岔角、盒子全饰以仙鹤流云图案，这些都是和宗教内容有关的题材。

除了门照壁琉璃装饰之外，在一些宫殿的坎墙下肩，有用龟背锦或其他图案做琉璃贴面的，在花园里，也有用琉璃砌花坛的须弥座和栏杆的。总之，用琉璃做装饰，范围非常广泛。

我国琉璃制作有着悠久的历史和辉煌的成就。到了明、清两代，尤其是清代中期，琉璃生产更为发达。制成的琉璃，釉色滋润细腻，胎土质密均匀，胎釉接合更加紧密。由于在生产中很好地掌握了颜色釉原料的性能和烧制技术，烧出了明黄、孔雀蓝、翠绿、绛紫、乳白等多种颜色的琉璃。这就为宫殿建筑采用琉璃装饰提供了良好的物质条件。

476.皇极门前琉璃影壁全景(俗称九龙壁)

477.皇极门前琉璃影壁局部

是清乾隆三十六年(1771年)开始改建宁寿宫一区宫殿时建造的。九龙壁壁面为彩色琉璃烧制，上雕刻有九条巨龙，上面为黄瓦庑殿顶，下面擎以雕制精美的白石须弥座。

九龙壁自大脊到地平全高约3.5米，宽29.4米，整个壁面为71.6平方米。全幅壁面以海水为衬景，海面上浮现正在嬉珠的九条巨龙，其中一条黄色蟠龙居于主位。主龙左右各有四条姿态各异的游龙，构图匀称地布陈于画面上。龙与龙之间突雕峭拔的山石六组，将九龙做灵活的区隔。壁面的下部，九龙的足下雕塑有起伏而富于层次的海浪，横亘于整个壁面，既使得九龙互为联系，又增加了画面的完整性。

九龙壁的主体龙纹采用高内雕，塑体起伏强烈，龙头的额角厚度最大，高出壁面0.2米，显现出龙的形神生动、腾越跳跃的姿态，好像要震壁飞去。

九龙壁的塑面共由270个塑块拼接而成。琉璃壁面共分为九龙、山石、云气和海水四层塑体，花纹复杂，工艺难度很大。设计时要精心地选择在花纹简单、不损龙的头面等处来断块，

同时还要考虑错缝叠砌时保持壁体的坚固。而塑块拼合时则要求逐块衔接，层层吻合。因此，非掌握娴熟技法的艺人是难以达到这种艺术高度的。

明、清崇尚九、五之数，九五之数代表天子之尊。九龙壁不仅主体龙是九条，其他地方也按九、五设置，如庑殿顶用五脊；正中用九龙花脊；斗栱之间采用"五九"四十五块龙纹垫栱板等。可以看出，九龙壁自上到下都蕴藏着或明或暗的九、五之数。

九龙壁正中的三条蟠龙，与皇极门、宁寿门、皇极殿、宁寿宫等同落于一条南北轴线上，与皇极殿前的雕龙御路、檐下的扫青九龙匾遥相呼应。正中的蟠龙做驯服的蜷息姿势，如朝觐、如拱卫，两目凝视着皇极殿正门、正殿，衬出皇宫一派庄严肃穆。站在皇极殿前向南展望，透过两道宫门，视线的终点，正是九龙壁正中这条犹如金铸的黄色蟠龙。

九龙壁虽已经过200多年的风风雨雨、色泽光艳现仍不减。它和我国现存的另外两处九龙壁——山西大同明代九龙壁、北京北海乾隆朝烧制的九龙壁，可以相互媲美，而三座九龙壁中，又以紫禁城的九龙壁雕制最精细、色彩最华美。

478

479

480

481

482

其他设施

桥梁、涵洞

紫禁城外，四面环有护城河，俗称筒子河。河水源出玉泉山，引进北京城后，流入积水潭。其中一支流经北海入濠濮涧，向东经景山西墙外，流入紫禁城西北角的护城河，再经城垣下的地沟，流入紫禁城内，称内金水河。另一支由中南海向东流入社稷坛（今中山公园），再南流，到天安门前，称外金水河。

金水河在元朝时已经有了。据《元史·河渠志》所载："金水河其源出于宛平县玉泉山，流至和义门南水关入京城，故得金水之名。"和义门即今西直门，南水关旧址在今西直门南约120多米处。《古今事物考记》就载有："帝王阙内置金水河，表天河银汉之义也，自周有之。"元建大都，悉沿旧制，置水命名也不例外，所以把流入宫阙的水叫金水河。后来虽由于宫殿地址迁移等原因，明、清两代金水河道有所改变，但基本情况和现在差不多。

紫禁城周围的护城河，开凿于明代。河宽52米，两侧以大块豆渣石和青石砌成整齐笔直的河帮，岸上两侧立有矮墙。城壕本来是为防护而设的，但是设在皇宫外围就不同一般，除了防护外，还须显出皇家的气派，能起配合环境的艺术效果。澄明如镜的水面，四隅上的角楼，沿河栽植的树木，无不给人以宁静、开阔之感，为宫廷的外貌增添了不少风采。清代还曾在河中栽种莲藕，既有观赏之美，又可收经济之益。

内金水河从紫禁城西北角地沟流入紫禁城。水道沿紫禁城内西侧南流，流过武英殿、太和门前，经文渊阁前到东三座门，复经銮仪卫西从紫禁城的东南角流出紫禁城，全长2000多米。

金水河的总流向，自西北向东南，是按堪舆风水之说及礼制而定的。但是长长的流水，往复回环，原设计意图并非全从美观着眼，也是从便于给水和排水两个角度去考虑的。刘若愚在《酌中志》中曾写道："是河也，非为鱼游在藻，以资游赏，亦非故为曲折，以耗物料，恐意外回禄之变，此水实可赖。天启四年六科廊灾，六年武英殿西油漆作灾，皆得此水之力。……又如天启年一号殿哕鸾宫被焚者二次，如只靠井中汲水，能救几何耶？"可见着意用金水河为救火的水源，皇极、太和等大殿施工时，和泥灰也用的是内金水河河水。

紫禁城内地下排水沟道纵横交错，最后合成几条干沟，一一注入金水河，使内金水河成为最大的干沟，泄水通畅，所以无论遭到何等大雨，紫禁城内绝无漫溢之患。

有河就要架桥，遇到地面上有建筑物，就以涵洞引入地下，所以说内金水河"或隐或现，总一脉也"。全流共有大小桥20余座，涵洞10多处。

内金水河上气派最雄伟的桥是太和门前的金水桥，其余十几座桥样式各异，有单拱桥，有三座并列的桥，还有半边是涵洞半边是桥的，不一而足。

最古老最精美的桥，数横跨在武英殿东侧金水河上的断虹桥。全长18.7米，通宽9.2米。石栱单孔结构，青石桥面，汉白玉雕石栏杆，栏板上刻有精致美丽的花纹，20个望柱头上各有一小狮子，或蹲或坐，情态各异，饶有趣味。此桥是明初所建，现在除局部构件有所添配更换外，从未大修过，依然坚固牢实。

此外，在神武门、东华门、西华门外各有一座平桥跨过护城河，相接城门口与大路。

488. 护城河入紫禁城涵洞

489. 太和门前内金水桥局部

490. 太和门前内金水桥全景

内金水河是紫禁城建筑设计的杰作。河身依不同地势，或宽、或收、或隐、或现，并给以不同的装饰。凡流经地面的地方，均以豆渣石及青石砌成规整的河帮石底，随转折及所处地境的不同，宽窄不一，河帮处理也不一样。金水河以太和门一带最宽，为10.4米，河东西两端接涵洞处则为8.2米，最窄的地方只有4~5米。因太和门一带地处外朝冲要，两岸围以汉白玉石栏杆。其余部分的金水河河帮，就改用砖砌矮墙。除个别地段成直线外，绝大部分的河身弯转自如。到太和门，河身曼回，蜿蜒东流，将宫门置于河弯环抱之中，衬托出一派庄严雄伟的气势。

太和门前院内金水河，是全河艺术设计重点所在。河上雄跨五桥，中间一座最大，长23.15米，宽6米；两侧稍小，各长21米，宽5.4米；外边的两座各长19.5米，宽4.8米。居中的桥靠前，两侧桥身依次后退，桥面两端为斜坡。随着弯曲如弓的河流，这一组桥面的前边和后边也自成弧形。桥为石栱单孔结构，石桥面，汉白玉雕石栏杆。正中主桥是皇帝通过的御路，白石栏杆用雕有龙云纹的望柱，与太和门、太和殿的须弥座栏杆等级相埒。左右四座宾桥，为王公百官行走之路。栏杆只用火炬形阴刻弧形线的望柱头，名"二十四气"。如此，由桥的宽、长和栏杆花纹雕刻的题材，工艺的精粗分了等级。

给水、排水

明、清宫廷内生活用水主要取之于水井。相传明宫初建时，凿有水井72眼，以像"地煞"。刘若愚记宫内宫殿规制，其中多处提到有井，而且还说慈宁宫、慈庆宫、乾清宫两旁之宫各有井等等。这说明建皇宫时对于水井的安置在设计上是有全盘考虑的。至于是否为72口，那就难以考证了。现在内廷各宫院和外朝有的院内以及厨房库房等处几乎都有水井，有的一口，有的两口，数量很多，确也有72口上下。这在当时，每院一井，用水可谓十分方便了。

井的设置十分考究。井上安石盖板、井口石、木盖板，还加上锁。从有的井口石上一条条沟印来看，当时是用绳吊桶汲水的。在清代储秀宫、长春宫等处茶房用品登记册上，就有水桶、柳罐等物。有的在梁下架一根木枋，上安滑车，今御花园西井亭内还留有这样的设备。

井上大都建有井亭，现在还保存的近30个。宫内井亭之多，也是这组古建筑群的独特之处。井亭子的做法，在宋《营造法式》上已有规定。其目的是便于打水，并有利于保持水井洁净。紫禁城内井亭均为大式做法，安斗栱，施彩画，平面多为四方形，大木构架为扒梁式或抹角梁式。亭基四周砌石泄水槽，亭顶多为盝顶，也有悬山卷棚顶，顶正中开一方口，以纳光及便于淘井。在细部构造及样式方面，按所在位置不同而有变化。宫殿院内井亭，造型华丽，装饰精巧，甚至在井口石、井台上都雕刻有精致的花纹。这些井亭，成双地建于庭院之中，极富装饰性。

宫内的井，除供生活用水之外，还有不少有特殊用途的。武英殿西北角有一口井，由架空石水槽将水引至浴德堂西的室内。武英殿在清时为刻印书刊的地方，浴德堂是修书处，此井水应为供印刷书籍之用。又传说，浴德堂后有一维吾尔式浴室，此水专供香妃在浴室中沐浴使用。姑不论其用途为何，单就水槽的设计来说，隔着院子将水引进室内大铁锅里，下面有烧火灶加热，也是很巧妙的。文华殿东、传心殿院内，有一口井，称大庖井，明时已有，每年于此祭祀井神。直到清代，仍规定每年十月在大庖井前祭祀井神。据记载，此井水清甜，有"玉泉第一、文华殿之东大庖井第二"之说，可称宫内诸井之首。现在宫内的水井大部分已干涸，唯独此井、水仍甘冽晶莹。

皇帝吃的水并不是宫里的井水，而是从玉泉山用水车运来的泉水。乾隆诗中有"饮食寻常总玉泉"之句。宫中为皇帝皇后们煮饭、烹茶也都用的是玉泉水。皇帝出京、巡幸、围猎时，亦"载玉泉水以供御用"。康熙时大学士李光地，颇为皇帝所器重，被聘作皇太子的老师。这位大学士肠胃不好，需要喝好水。但他家住南城宣武门外，水质不好，于是皇帝命每日将玉泉山水交给大学士家人带回去吃。由此可见，玉泉山水是皇家独占，非上赐不得饮用。据说玉泉水最轻，因此水质也最好。

紫禁城内有很好的排水方法及排水沟道系统，保证雨天水流无阻，不会积潴。

排水方法主要是利用坡度，使水流直接或通过沟槽汇流在一起，自"眼钱"漏入下水沟道内。就以太和殿这一组建筑来说，三台中心高8.13米，台边高7.12米，如遇雨天，水由三台最上层的螭首口内喷出，逐层下落，流到院内。院子也是中高边低，北高南低。绕四周房基都有石水槽，这是明沟。遇到台阶，则在阶下开一石券洞，使明沟的水通过。在太和殿，因为有螭首喷水，明沟改在房基以外，喷水落下的地方，四角有"眼钱"漏水。全部明沟及眼钱漏下的水，流向东南崇楼，穿过台阶下的券洞，流入协和门外的金水河内。后三宫及其他各个宫院，排水情况也大都如此。

"眼钱"是水由地面转入地下的入口，"沟眼"是地面水穿过障碍的出口，两者都是排水措施不可缺少的部分。在宫内，这些设施都经艺术加工、精心设计、样式繁多，构成为美丽的砖、石雕装饰。

紫禁城用于排水的干道专线，明沟暗沟，纵横交叉，沟通各个宫殿院落。总的走向是将东西方向流的水，汇流入南北走向的干沟内，然后全部流入内金水河。

其中几条干沟是这样分布的：

神武门内，内宫墙以北，有一条由西往东又折而向南，几乎整整绕了半个紫禁城的下水道。地面上铺石板，隔一定距离石板上留有泄水的小孔，西端流入城隍庙东的金水河，东端经东北城角再往南通过十三排，接入清史馆内的金水河。

另一条是北起上面所说的东西干道，向南经东六宫和宁寿宫之间的夹道，再往西沿御茶膳房东墙外，然后往东南接入文华殿东面的金水河。在夹道南端又出一支流，向西穿过奉先殿南群房，从西南墙角穿出，沿外朝中路东墙外经文华殿西墙外接入金水河。

再一条自乾清宫院内的西南角穿出，横过内右门，穿入养心殿南库，自南库南墙穿出，经隆宗门外往南，至武英殿东边的断虹桥入金水河。

乾清宫、交泰殿、坤宁宫的两侧及东西长街，都有纵向的暗沟，设在路的一边或两侧，接纳由各宫院内流出的下水，再汇合于东西向沟内，然后注入以上几条干沟。

这些沟道系统建于明朝。干沟高可过人。太和殿东南崇楼下面的券洞（即沟眼），高1.5米，宽0.8米，沟顶砌砖券，沟帮沟底砌条石。东西长街的沟道也有0.6～0.7米高，全部用石砌，其工程之浩大超过地面上的金水河。明、清均有规定，每年春季要按时（清代定为每年三月份）淘修宫内沟渠。由于历代不断疏通，至今虽已历500多年，仍然畅通。

宫内下水，不包括粪便，处理粪便另有办法。

496

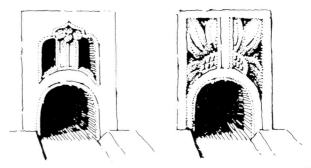

497

498

499. 太和殿前三台排水龙头

三大殿的三台，台中心高 8.13 米，台边高 7.12 米，排水极为明显，周围石栏杆的每块栏板底边都有小洞，每根望柱下面都有雕琢精美的石龙头，名"螭首"。口内有凿通的圆孔，都是辅助排水的孔道，大雨滂沱时，1100 多个排水孔，能将台面雨水瞬间排尽，形成上下千龙注水的奇观。

500. 东筒子排水滴子
501. 御花园井亭
502. 浴德堂西侧井亭
503. 乾清门前铜镀金大海缸
504. 储秀宫烧古铜缸

紫禁城内每座较大的庭院里和后宫东西长街，都可以看到排列得很整齐的大缸。这些大缸都是明、清旧有的殿外陈设物，具有消防和装饰的价值。

在清代，缸内平时贮满清水。每年到了农历小雪季节，由太监在缸外套上棉套，上加缸盖，下边石座内置炭火，防止冰冻，直到春节后惊蛰时才撤火。

宫内陈列的这些大缸，明代大都用铁或青铜制成，鎏金铜缸很少，两耳上均加铁环。清代则多数是用的鎏金大铜缸，或者"烧古"青铜缸。明代缸的样式上奢下敛，古朴大方；清代缸的样式腹大口收，两耳加兽面铜环，制作精致，外表富丽。

505. 西长街隔火墙

乾清宫东、西的龙光门和凤彩门南侧，各有隔火墙一段。宽 16 米（占开间的 $\frac{1}{3}$），砖砌到顶，檐下的斗栱、枋、檩、望板等用青石雕成，不使木料，以隔断火势，使不至蔓延。

御寒、防暑

每年十一月初一日（阴历），宫中开始烧暖炕，设围炉，谓之"开炉节"。就是说从十一月一日起开始采暖。但是实际上，特别到了清末，各处采暖时间并不一致。如储秀宫、长春宫、重华宫、永和宫等处，由九月下旬起就开始采暖了。这可能是由于清末宫内一切规制都不严格，皇帝皇后们可以任意而为，只有下属差役等仍是十一月初一日开始采暖。

宫中采暖基本上有两种方式：一是随建筑在地面下布置火道、地炕；另一种是可移动的设备——炭盆。

在内廷的宫殿廊檐下，砌地炕的烧火洞。洞内砌有砖炉子，或放入燃好的火炉子。洞口约有一米见方，深 1.5 米左右，上面设盖板。室内地面下布置纵横烟道。火燃后热气通过地下的烟道，然后把烟排出室外，这是采用北方居民普遍习用的火炕与火墙的采暖方法，不过在宫内的比民间的讲究。有这样采暖设备的宫殿多称之为"暖阁"。在乾清宫、坤宁宫以及东西六宫内都可以见到这样的设置。《明宫史》上记有"懋勤殿，天启造地炕于此，恒临御之"。说明有地炕的宫殿是皇帝、皇后经常住的地方。

设在宫内的火炉，当时是火盆，花样繁多，分为盆和笼两部分。大的重达数百斤，通高 1 米多，或三足，或四足，有的下面还安一个座。小的随手可以提动，像西瓜那样大小，用来暖手的叫手炉，暖脚的叫脚炉。每个火盆都是一件精美的工艺品。

外朝各殿不设暖阁，每年冬天安放火盆。内廷各宫殿，除设地炕外，还安放火盆。按照规制，各处放置火盆数量都有规定，但也有时因天气太冷而加设的。如雍正元年（1723 年），太和殿殿试，天气太冷，令总管太监多放几个火盆，以免笔砚冰结，使诸贡士可以尽心书写。在太和殿烧火盆，曾经发生过一次险情。嘉庆二十四年十月（1819 年），嘉庆帝御太和殿，殿内安设火盆太多，后面三槽隔扇全开着，风吹火星满地，经御前大臣侍卫等扑救踏灭。于是皇帝下谕，以后每遇保和殿筵宴，太和殿受贺筵宴及御太和殿，只在地平二层两角安设炭火二盆，盆内炭火用土掩盖。如看祝版、中和殿、太和殿不安火盆，若有多放者革职。

宫内这样多的烤暖设备，每日需要大量的炭、木柴、煤等燃料。明代宛平知县沈榜在《宛署杂记》中记载，万历十八年 (1590 年) 殿试，一次就用木炭 1000 多斤。清代按份例供应柴炭。乾隆年间份例的标准是：皇太后、皇后，110 斤；皇贵妃，90 斤；贵妃，75 斤；公主，30 斤；皇子，20 斤；皇孙，10 斤。到了晚清溥仪时，单一个储秀宫冬天每日用殿煤 3000 斤，殿炭 300 斤，红萝炭 20 斤，寸子炭 30 捆。永和宫为养鱼采暖每日用炭 50 斤，红萝炭 50 斤。花园里为熏蝈蝈，每日用煤 20 斤，炭两篓，红萝炭 40 篓。大量的柴炭，都是为皇家所用，至于住房差役等人员份例极少，如文渊阁更棚，每座每日用炭只有 5 斤，所以虽然皇帝说贫富者殊，畏寒无二，但在御寒的供应上，却有天壤之别。

宫中所用的红萝炭是上好的木炭，以易州等地山中硬木烧成，明代宫中就用这样的炭。清代每年宫内派员带领官役赴易县、涞水等地采买，令各窑户只准卖给官厂，不准私相买卖。按尺寸锯截，盛在小圆荆筐里，外面刷红土，故名"红萝炭"，运送到今西安门外的红萝厂。这种炭，气暖而耐烧，灰白而不爆，围着火盆烤火，不致被烟呛。

明、清两代均有管理皇宫内薪炭的机构，叫惜薪司。清代在宫内还有管安装火炉、运送柴炭的热火处；管柴炭分发及存储的柴炭处；管点火烧炕的烧炕处。说明管理宫内这一套供热系统，是相当繁杂的工作。

每日用这样多的柴炭，必须有堆放场地。除上述红萝厂外，在紫禁城外还有惜薪司管辖的北厂、南厂、西厂、东厂、新西厂、新南厂等处贮收柴炭，在紫禁城内于西五所后，东西二小门外，有惜薪司贮柴炭之园，备宫中燃用。

北京是大陆性气候，年温差大，冬冷夏热。紫禁城内房屋，高顶厚墙，隔热防寒性能好，主要宫殿坐北面南，前后开窗，真可谓冬暖夏凉。到了夏天，打开窗户，廊檐下挂竹帘，院内支搭凉棚，另外还有其他御寒防暑的措施。

紫禁城内有冰窖五所，有四所各能藏冰5000块，另一所能藏冰9226块。冬天凿御河冰存在窖里。地址在隆宗门外西南造办处。长春宫、储秀宫等处茶房内设有冰桶，以供冷饮、冰冻水果之用。在内务府办公地，每年五月初一起至七月二十日止，每日可领取冰两块，这是给大臣们的防暑用品。

清代康熙帝以后，到了夏季，则索性离开紫禁城，到圆明园、香山、承德离宫和南苑行宫去避暑。

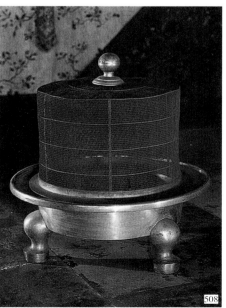

506.铜质镂空梅花大熏炉

507.铜胎掐丝珐琅熏炉

508.铜镀金熏炉

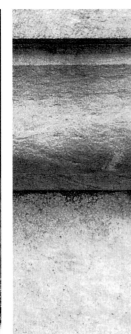

其他设施

照　明

紫禁城内夜间，主要是用蜡烛为光源的灯具照明。

这种灯很易燃烧。宫内为了防火，对于灯火的管理很严。清代外朝除朝房及各门外，均无灯。王公大臣天明前趋朝，惟亲王才准有灯引路至景运门或隆宗门，军机大臣可提羊角灯入内右门，其余的人均不得用灯引路。但皇帝出入，前有引灯数对，每盏用五两重蜡一支，另有门灯站灯若干对，每盏用八两重羊油蜡一支。嘉庆时还规定，皇上出入，驾后添设明角灯四盏，以资照明。殿内早朝，冬日天尚未明，在宝座侧列羊角灯数对。康熙二十四年正月（1685年），在保和殿御试，交卷后，皇上与修撰蔡元升谈话，至天暮，命侍卫执灯伴送，这已是很例外的事了。

内廷与东西长街均有路灯。据《明宫史》记载，宫中各长街设有路灯，以石为座，铜为楼，铜丝为门壁。每晚内府库监添油点灯，以便巡看关防。到了清代晚期，由于普遍使用玻璃，这些路灯上的铜丝门壁改用玻璃，既防风又明亮，那时安的玻璃上，中间画有红色大圆寿字，四角各画一只红色蝙蝠，象征福寿。这是只有皇宫内才能设置的路灯，王府和其他地方是不准设置的。乾隆宠臣和坤在嘉庆登基伊始被定罪抄家，罪状之一就是违例在府内设有这样的路灯。

内廷各宫殿室内的灯具设置，琳琅满目。以咸丰二年（1852年）所立的养心殿三殿灯账为例，其中仅东暖阁就安挂灯45座，15种样式。乾隆曾有一首诗咏灯说："腾辉照绮席，散彩当珠殿，馥馥博山香，迟迟玉漏箭，影射桃笙流，华映鰕须绚，九枝非所贵，分阴诚可羡，方励焚膏志，敢卜通宵妄，剪檠阅奏章，毋使目光眩。"为了剪蜡烛心，灯具中设有剪烛罐。

每逢年节，各殿还要增设灯。每年正月十五日为灯节，是一次赏灯晚会。所悬灯做成鸟兽或花果状，上糊白纱，绘有彩画。还有鳌山灯、龙灯，长有五尺，10个太监用竹竿支着，前边一人执一灯珠，取龙戏珠之意。这些已大大超出照明的范围，说明在当时虽然只是以蜡烛采光，但经过巧匠的精心设计，其装饰艺术效果和现在的五彩电灯都颇相似。

以上说的这些灯具，都是以放蜡烛的蜡阡为中心，灯罩装饰则千变万化。主要是用雕竹、雕木、镂铜及金属做成框架，外糊纱绢，再加羊角或玻璃。有的在灯罩上方加置华盖，灯下加挂各式各样的垂锦以及珠玉金银穗坠，有的还在灯罩四周悬挂吉祥杂宝流苏璎珞。灯还因不同的用途做成各种形式：在室内放在桌上的叫桌灯或座灯；挂在屋顶下的叫挂灯；高架支在地上的叫戳灯；拿在手中用于室外的叫把灯；提在手里引路的叫路灯等等。宫内熟皮作有灯匠可以制灯，所用流苏、璎珞等等，亦系自作。

到了清末，宫内早于各地首先安了电灯，自设有发电机。

515. 坤宁宫大婚用的羊角罩喜字灯

516. 后宫长街石座路灯

516

其他设施

519

520

521

522

523

524

525

526

530

附录

紫禁城主要建筑墨线图

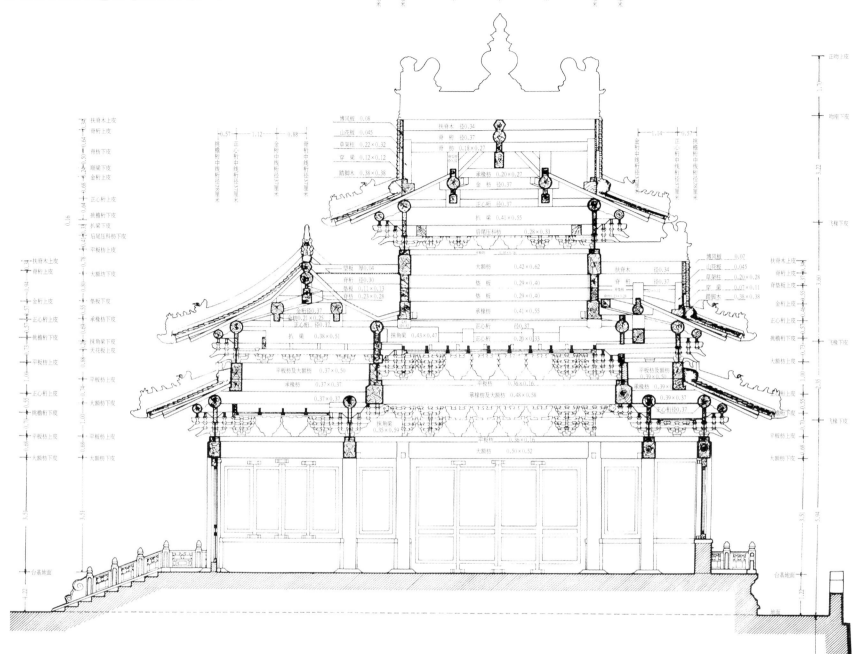

1. 角楼纵剖面图

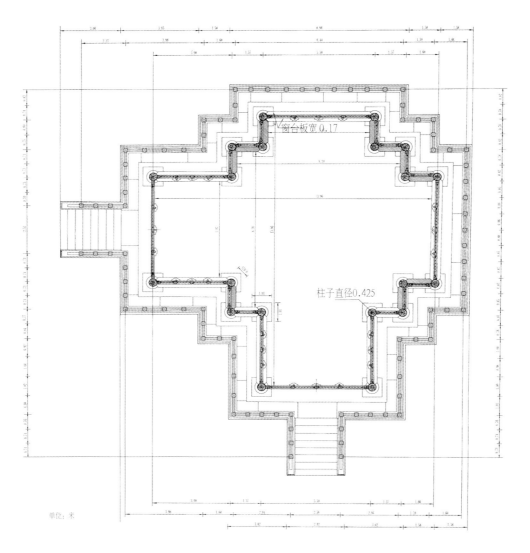

窗台板宽 0.17

柱子直径 0.425

单位：米

2. 角楼本层平面图

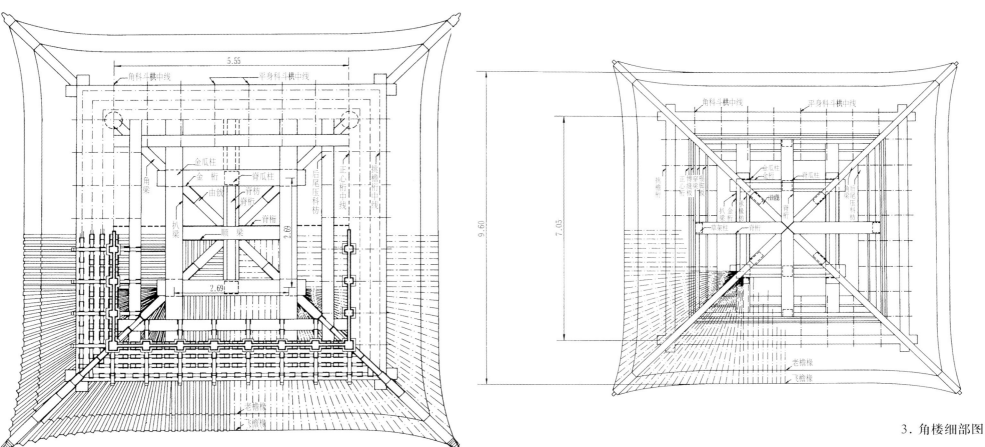

5.55

角科斗栱中线　　平身科斗栱中线

角梁

金瓜柱
金桁
由戗
脊枋
扒梁
顺梁

脊瓜柱
脊枋
脊桁

后尾压科枋

正心桁中线

2.69

2.69

老檐椽
飞檐椽

角科斗栱中线　　平身科斗栱中线

挑檐桁

脊瓜柱
金桁
由戗

正心桁中线
博脊板
抱头梁
穿插枋

扒梁
草架柱
脊桁

后尾压科枋

9.60

7.05

老檐椽
飞檐椽

3. 角楼细部图

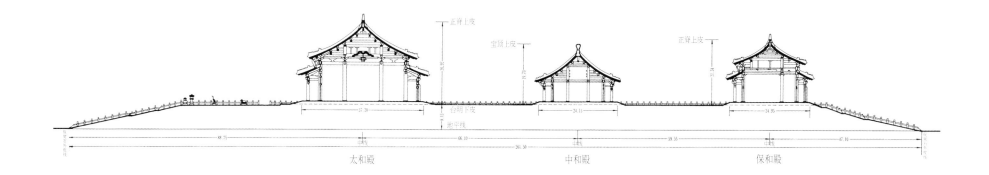

4. 三大殿总横剖面图

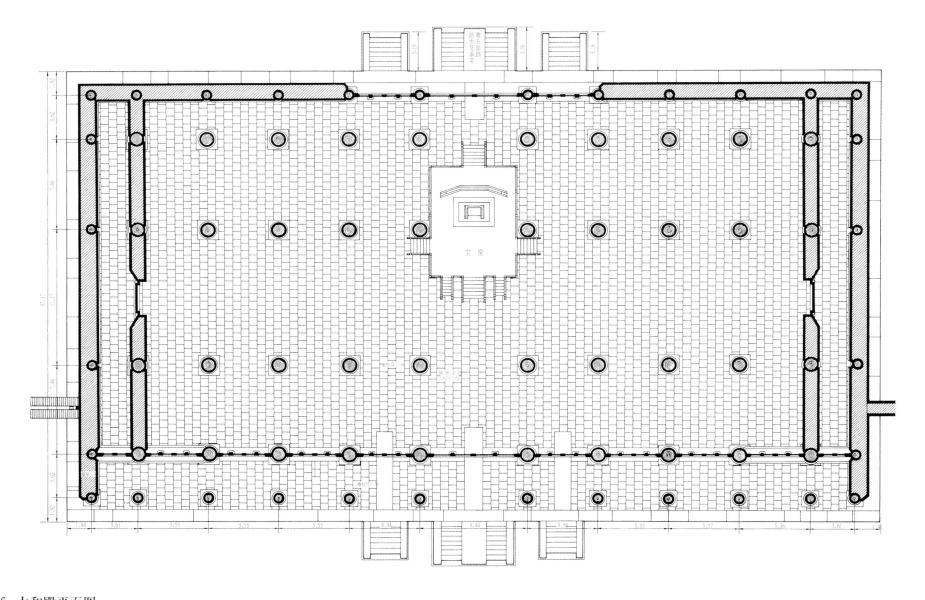

5. 太和殿平面图

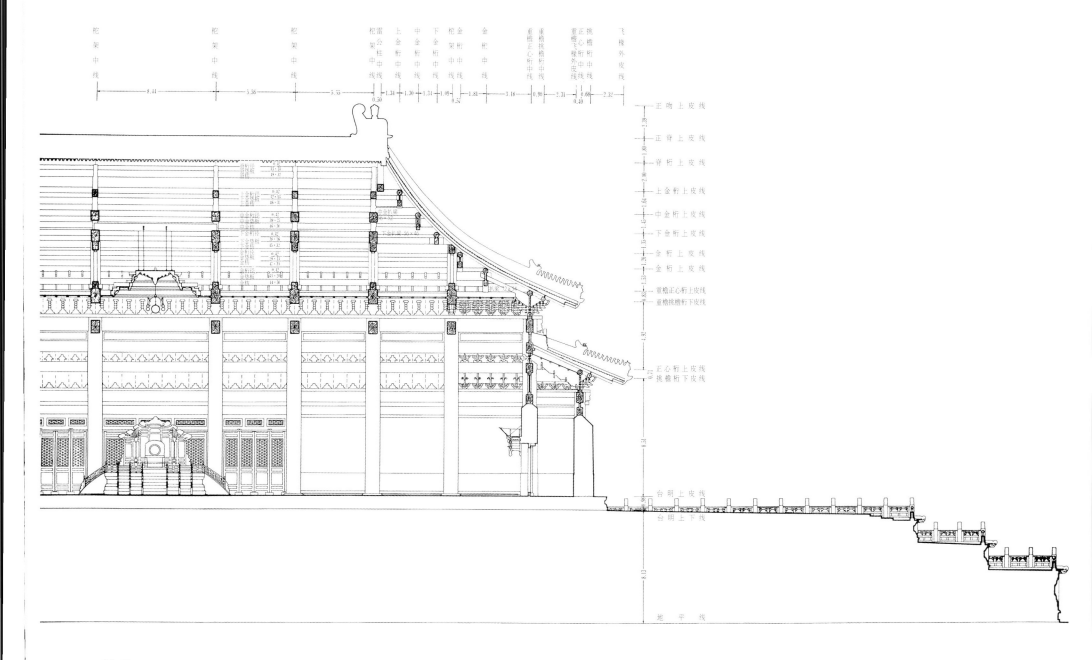

单位：米

6.太和殿纵剖面图

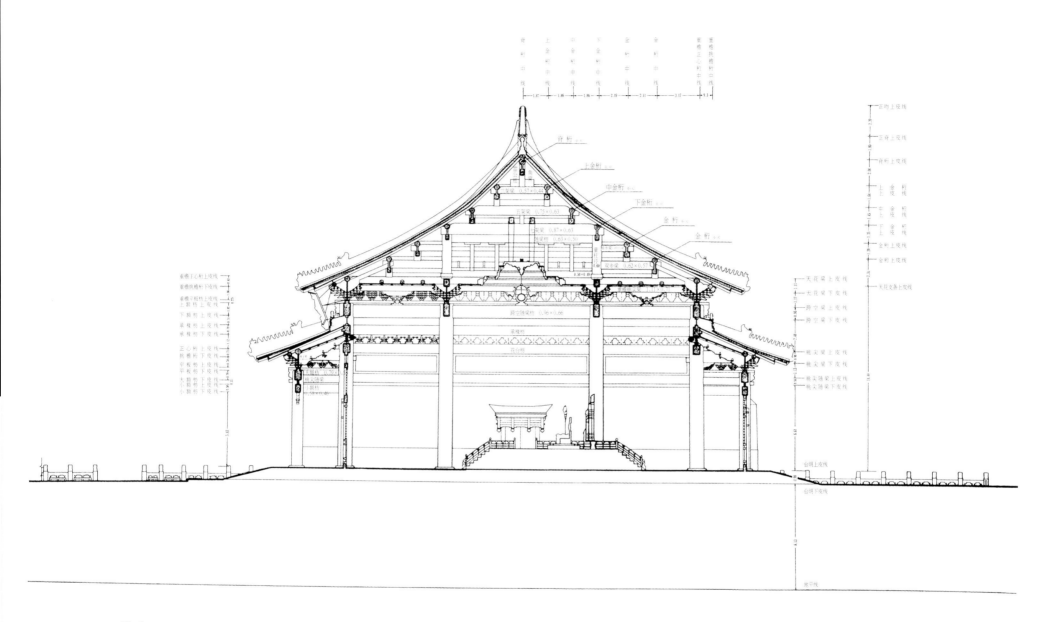

7. 太和殿横剖面图

单位：米

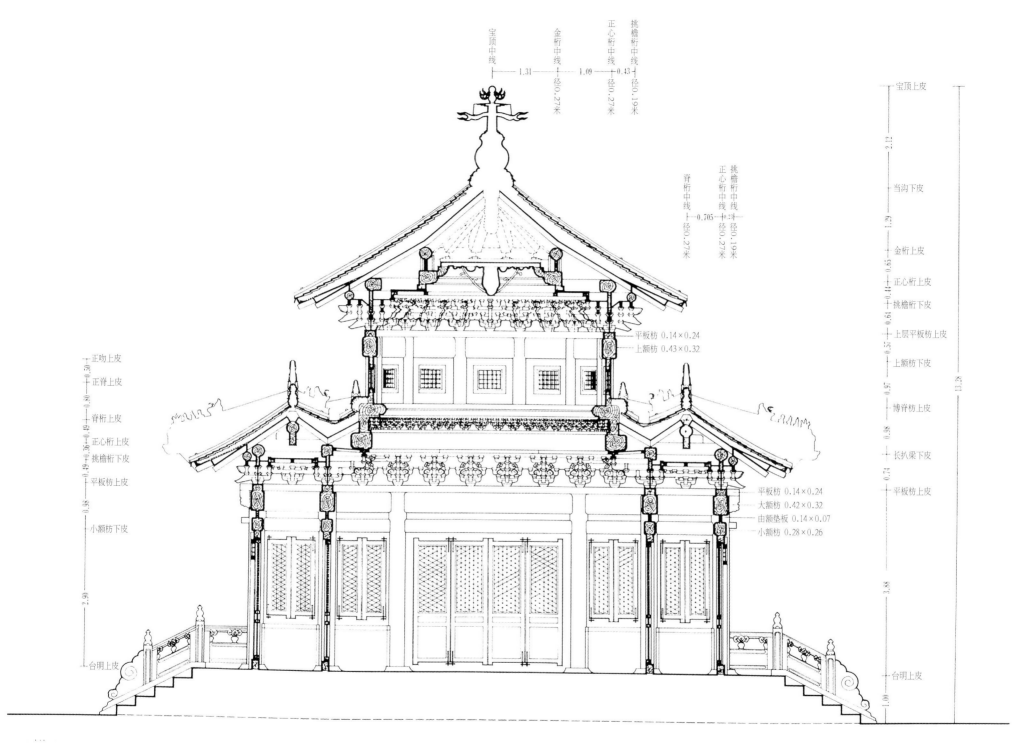

宝顶中线

挑檐桁中线
正心桁中线
金桁中线

1.31　　1.09　0.43
径0.27米　　径0.27米　径0.19米

挑檐桁中线
正心桁中线
脊桁中线

0.705
径0.27米　径0.27米　径0.19米

平板枋 0.14×0.24
上额枋 0.43×0.32

正吻上皮
正脊上皮
脊桁上皮
正心桁上皮
挑檐桁下皮
平板枋上皮

小额枋下皮

平板枋 0.14×0.24
大额枋 0.42×0.32
由额垫板 0.14×0.07
小额枋 0.28×0.26

台明上皮

宝顶上皮

2.12

当沟下皮

1.29

金桁上皮

0.61
正心桁上皮
0.44
挑檐桁下皮
0.64
上层平板枋上皮
0.57
上额枋下皮

0.97

博脊枋上皮

0.98

长扒梁下皮

0.73

平板枋上皮

13.28

3.88

台明上皮

1.00

单位：米

8. 千秋亭纵剖面图

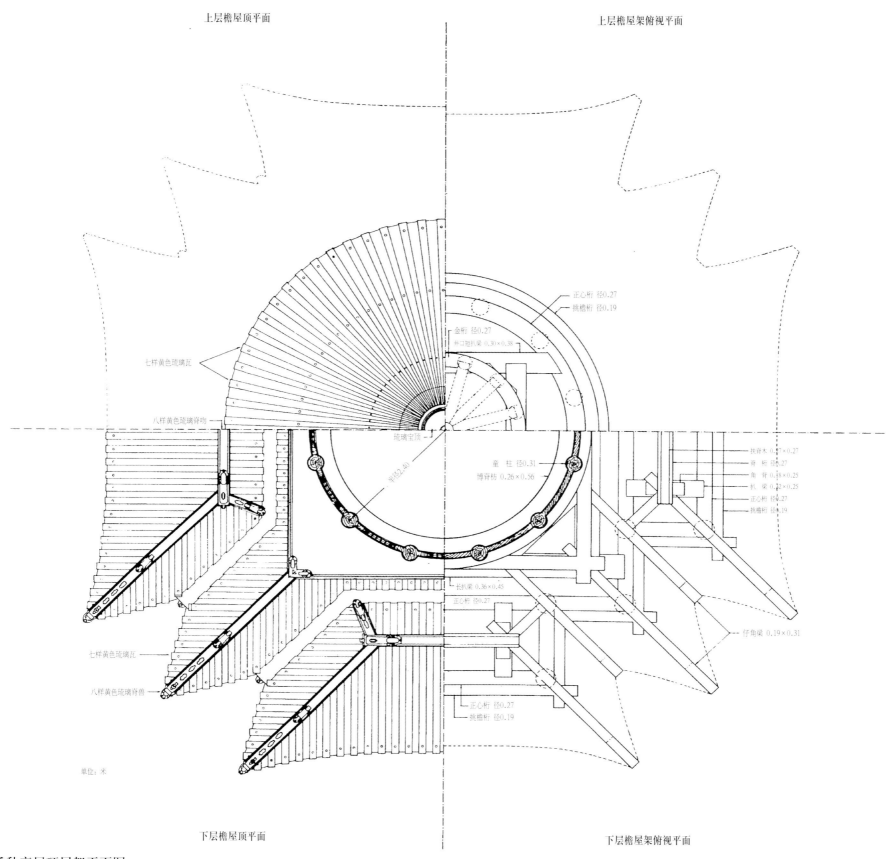

正心桁 径0.27
挑檐桁 径0.19

金桁 径0.27
井口粗扒梁 0.30×0.38

七样黄色琉璃瓦

八样黄色琉璃脊吻

琉璃宝顶

半径2.60

童　柱 径0.31
博脊枋 0.26×0.56

扶脊木 0.27×0.27
脊　桁 径0.27
角　背 0.18×0.25
扒　梁 0.22×0.25
正心桁 径0.27
挑檐桁 径0.19

长扒梁 0.36×0.45

正心桁 径0.27

仔角梁 0.19×0.31

七样黄色琉璃瓦

八样黄色琉璃脊兽

正心桁 径0.27

挑檐桁 径0.19

单位：米

9．千秋亭屋顶屋架平面图

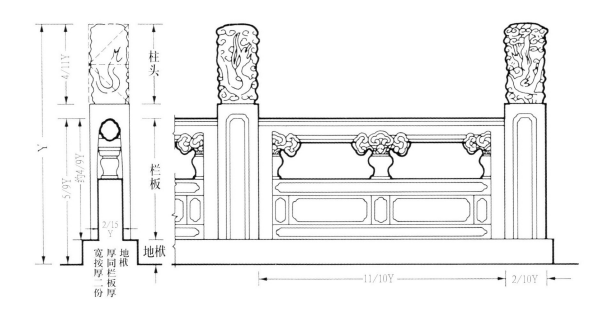

10. 清式钩栏

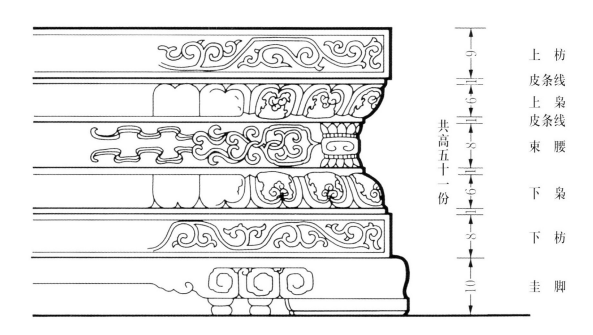

11. 清式须弥座

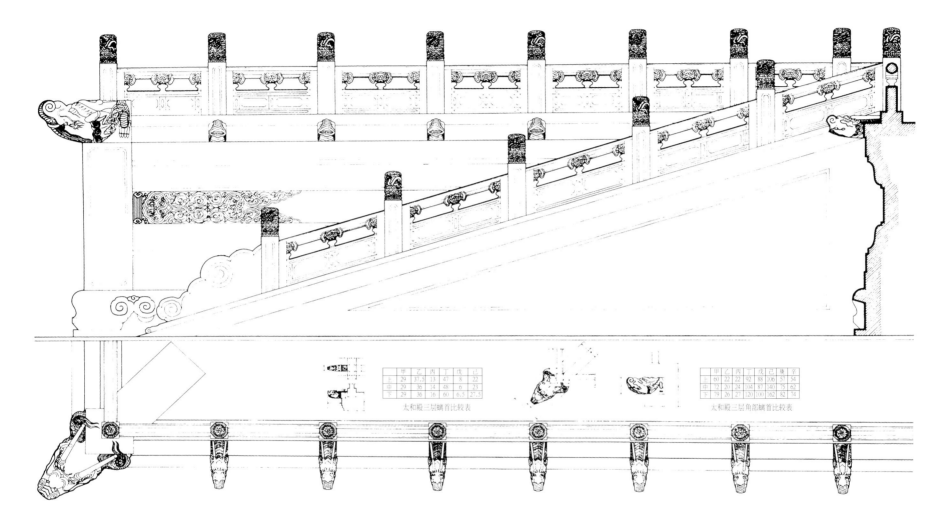

甲	乙	丙	丁	戊	己
上	29	37.5	13	47	8	22
中	29	36	14	48	6	23
下	29	36	16	60	6.5	27.5

太和殿三层镜首比较表

甲	乙	丙	丁	戊	己	庚	辛
上	60	22	22	92	88	106	57	54
中	72	20	24	104	87	140	75	62
下	79	26	27	120	100	162	82	74

太和殿三层角部镜首比较表

单位：米

12．太和殿栏板花饰图

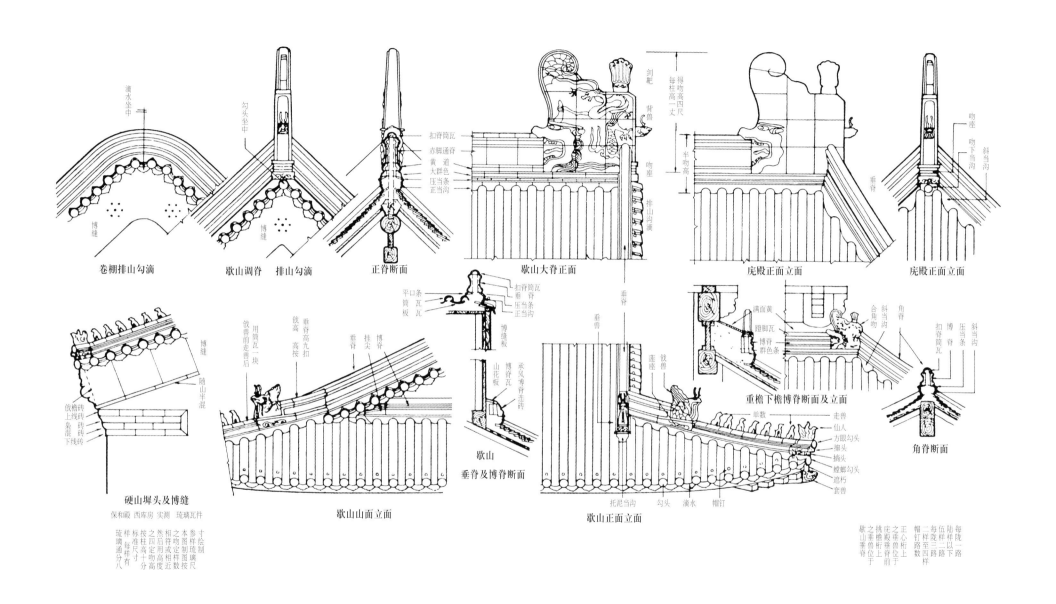

卷棚排山勾滴

歇山调脊 排山勾滴

正脊断面

歇山大脊正面

庑殿正面立面

庑殿正面立面

硬山墀头及博缝

歇山山面立面

歇山
垂脊及博脊断面

歇山正面立面

重檐下檐博脊断面及立面

角脊断面

13. 清式庑殿歇山硬山卷棚屋顶琉璃作

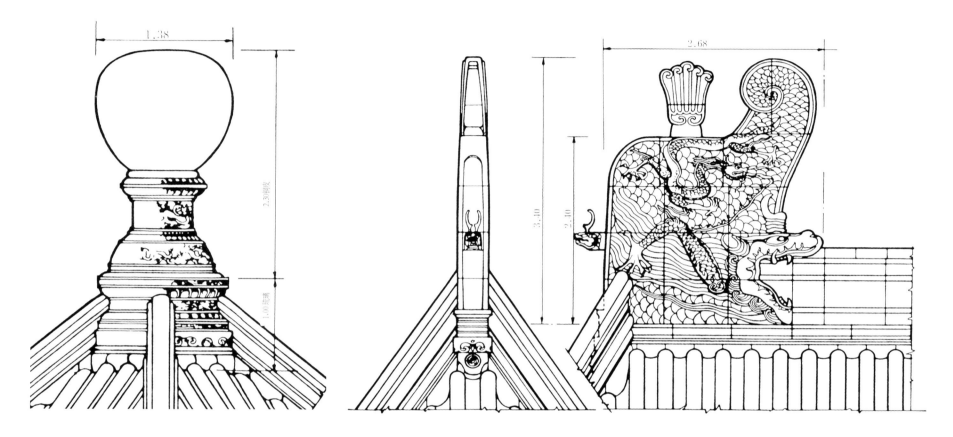

单位：米

14. 中和殿宝顶实测图

15. 太和殿重檐博脊

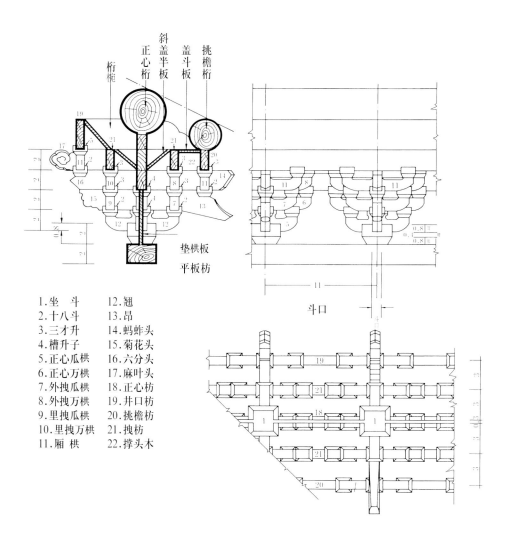

斜盖
盖斗板
正挑
心檐
桁檐桁
正心桁

桁椀

垫栱板
平板枋

斗口

1. 坐　斗　　12. 翘
2. 十八斗　　13. 昂
3. 三才升　　14. 蚂蚱头
4. 槽升子　　15. 菊花头
5. 正心瓜栱　16. 六分头
6. 正心万栱　17. 麻叶头
7. 外拽瓜栱　18. 正心枋
8. 外拽万栱　19. 井口枋
9. 里拽瓜栱　20. 挑檐枋
10. 里拽万栱　21. 拽枋
11. 厢　栱　　22. 撑头木

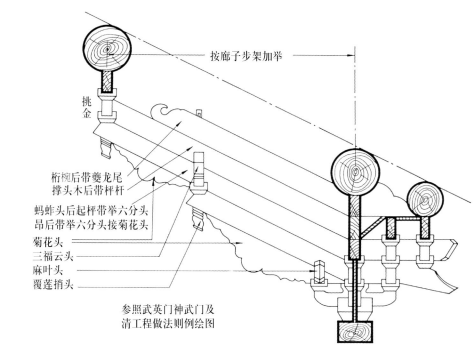

按廊子步架加举

挑金

桁椀后带夔龙尾
撑头木后带枰杆
蚂蚱头后起枰带举六分头
昂后带举六分头接菊花头
菊花头
三福云头
麻叶头
覆莲捎头

参照武英门神武门及
清工程做法则例绘图

16. 清式五踩平身斗科

17. 清式五踩溜金斗科

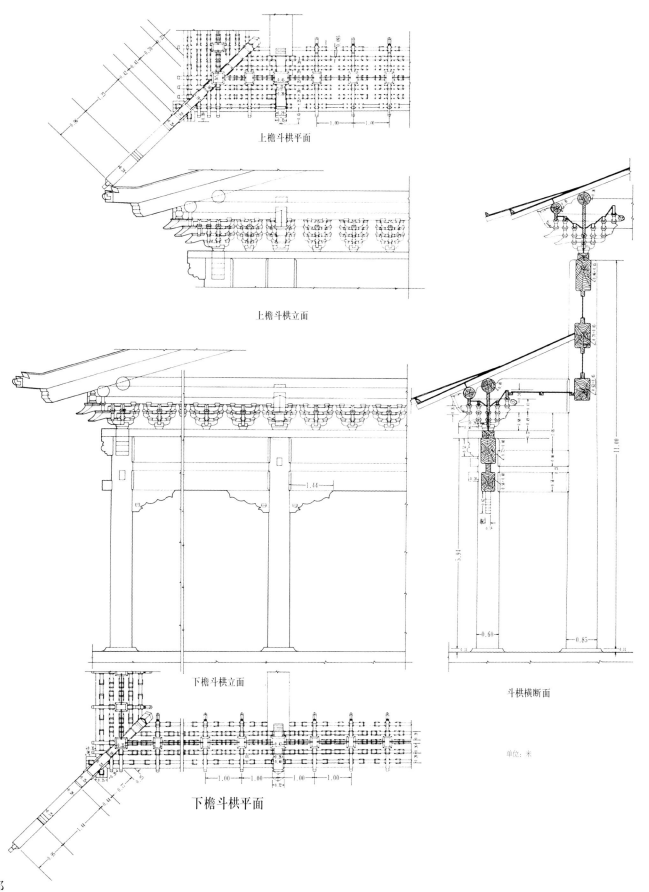

上檐斗栱平面

上檐斗栱立面

下檐斗栱立面

斗栱横断面

下檐斗栱平面

单位：米

18．乾清宫斗栱细部

一、沥粉金琢墨升降龙

二、沥粉金琢墨团龙

三、沥粉金琢墨佛梵字

四、烟琢墨团鹤

19. 天花彩画示范图

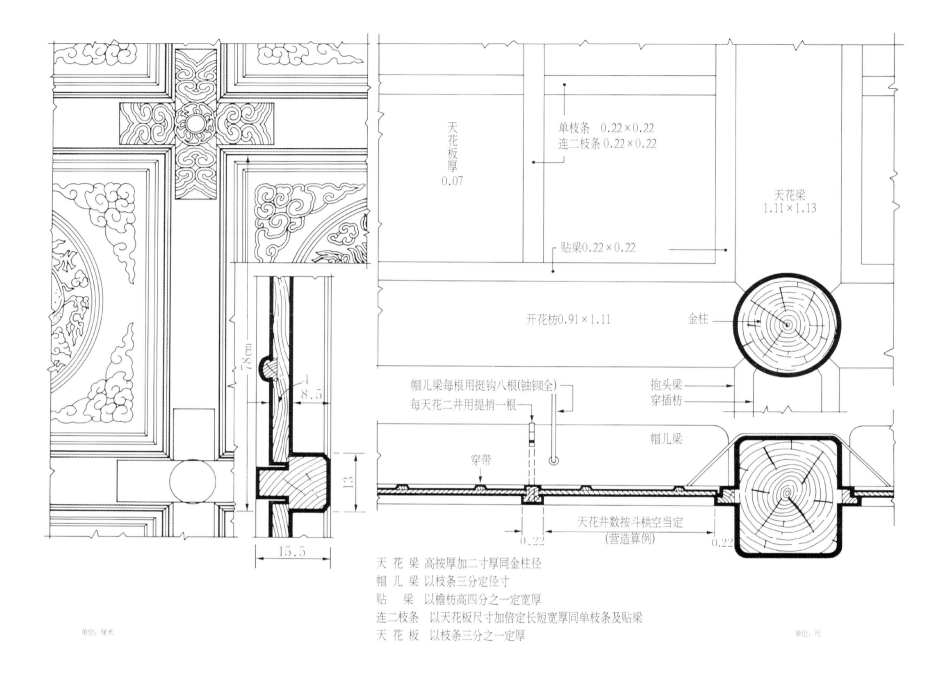

単位: 厘米

天 花 梁　高按厚加二寸厚同金柱径
帽 儿 梁　以枝条三分定径寸
贴 　梁　以檐枋高四分之一定宽厚
连二枝条　以天花板尺寸加倍定长短宽厚同单枝条及贴梁
天 花 板　以枝条三分之一定厚

単位: 尺

20. 太和殿天花实测图

21. 清式天花做法

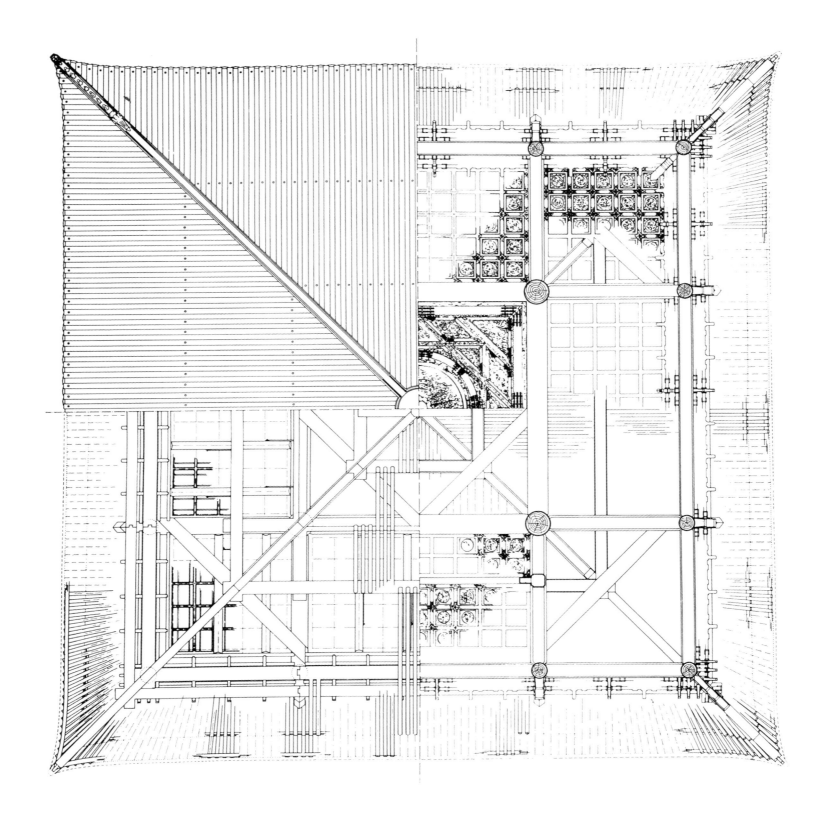

22.交泰殿屋顶天花图

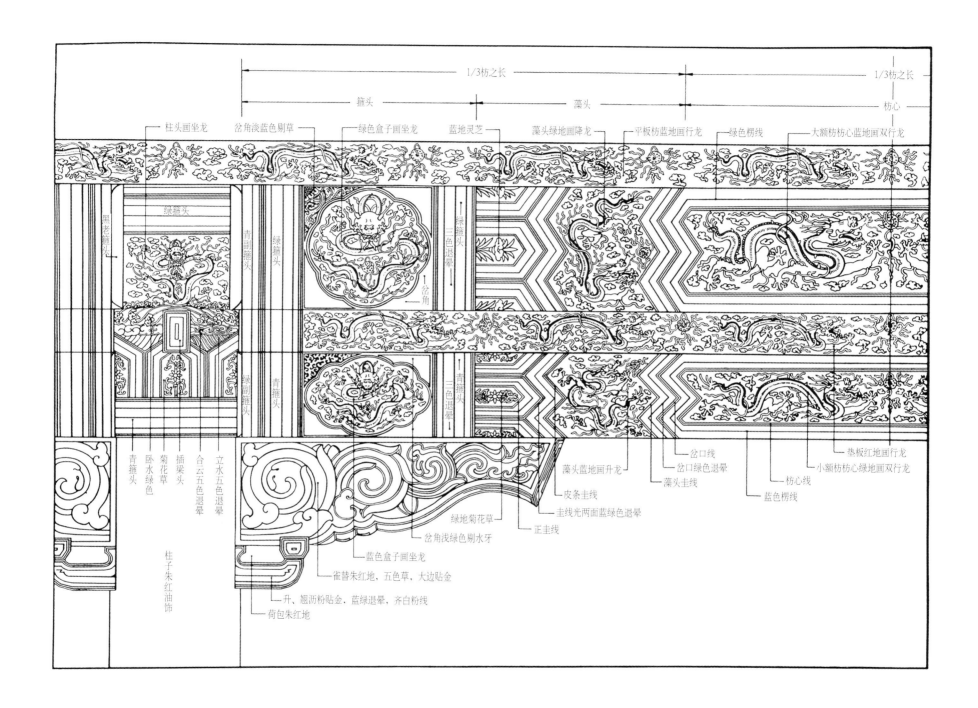

1/3枋之长　　　　　　　　　　　1/3枋之长

箍头　　　　　　藻头　　　　　　枋心

柱头画坐龙　　岔角淡蓝色剔草　　绿色盒子画坐龙　　蓝地灵芝　　藻头绿地画降龙　　平板枋蓝地画行龙　　绿色楞线　　大额枋枋心蓝地画双行龙

黑老箍头　绿箍头　青副箍头　绿箍头　绿副箍头　青箍头　三色退晕　岔角　绿箍头　青箍头　三色退晕

垫板红地画行龙

小额枋枋心绿色画双行龙

岔口线
岔口绿色退晕
藻头绿地画升龙　　藻头主线
枋心线
蓝色楞线

青箍头　卧水绿色　菊花草　插梁头　合云五色退晕　立水五色退晕

柱子朱红油饰

皮条主线
圭线光两面蓝绿色退晕
正圭线
绿地菊花草
岔角浅绿色剔水牙
蓝色盒子画坐龙
雀替朱红地，五色草，大边贴金
升、翘沥粉贴金，蓝绿退晕，齐白粉线
荷包朱红地

23.和玺彩画示范图

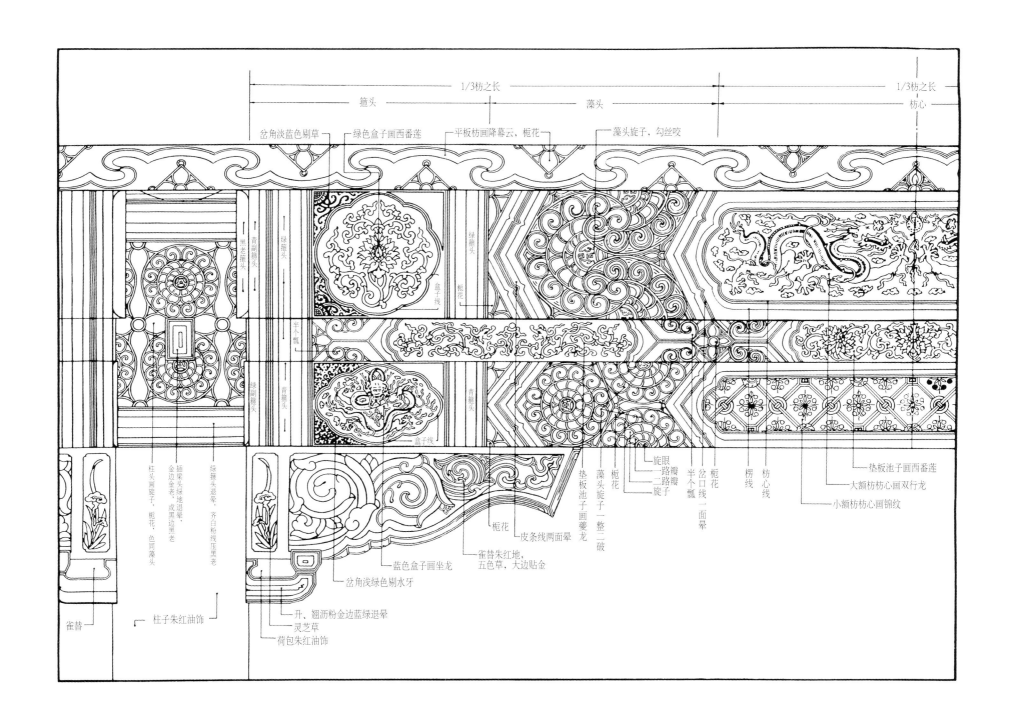

1/3枋之长　　　　　　　　　　　　　　1/3枋之长

箍头　　　　　藻头　　　　　枋心

岔角淡蓝色剔草　　绿色盒子画西番莲　　平板枋画降幕云，栀花　　藻头旋子，勾丝咬

青剔箍头　　绿箍头　　绿箍头　　藻头旋子，勾丝咬

黑老箍头　　盒子线　　栀花　　旋眼　　垫板池子画西番莲

半个瓢　　路路瓣瓣二路子旋子　　大额枋枋心画双行龙

小额枋枋心画锦纹

柱头画篦子，栀花，色调藻头　　插棋头绿地退晕，金边金老，或黑边黑老　　绿箍头退晕，齐白粉线压黑老　　垫板池子画夔龙　　藻头旋子一整二破　　栀花　　栀花　　岔口线一面晕　　栀花　　楞线　　枋心线

青箍头　　盒子线

栀花　　皮条线两面晕

雀替朱红地，五色草，大边贴金

蓝色盒子画坐龙

岔角浅绿色剔水牙

雀替　　柱子朱红油饰　　升、翘沥粉金边蓝绿退晕　　灵芝草　　荷包朱红油饰

24. 旋子彩画示范图

3 1 1

附录

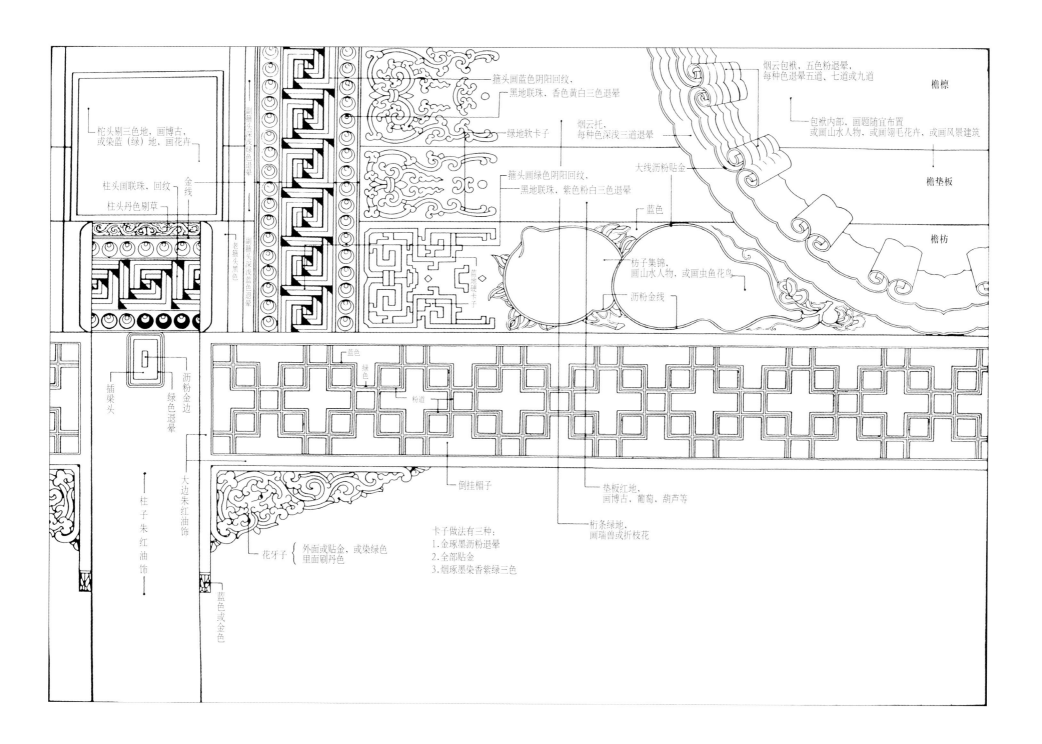

箍头画蓝色阴阳回纹，
黑地联珠，香色黄白三色退晕

烟云包袱，五色粉退晕，
每种色退晕五道、七道或九道

檐檩

绿地软卡子

烟云托，
每种色深浅三道退晕

包袱内部，画题随宜布置，
或画山水人物，或画翎毛花卉，或画风景建筑

梠头剔三色地，画博古，
或染蓝（绿）地，画花卉

柱头画联珠，回纹

金线

柱头丹色剔草

箍头画绿色阴阳回纹，
黑地联珠，紫色粉白三色退晕

大线沥粉贴金

蓝色

檐垫板

枋子集锦，
画山水人物，或画虫鱼花鸟

檐枋

沥粉金线

插梁头

沥粉金边

绿色退晕

蓝色

绿色

粉道

倒挂楣子

垫板红地，
画博古、葡萄、葫芦等

桁条绿地，
画瑞兽或折枝花

大边朱红油饰

柱子朱红油饰

花牙子 { 外面或贴金，或染绿色
里面刷丹色

卡子做法有三种：
1.金琢墨沥粉退晕
2.全部贴金
3.烟琢墨染香紫绿三色

蓝色或金色

25．苏式彩画示范图

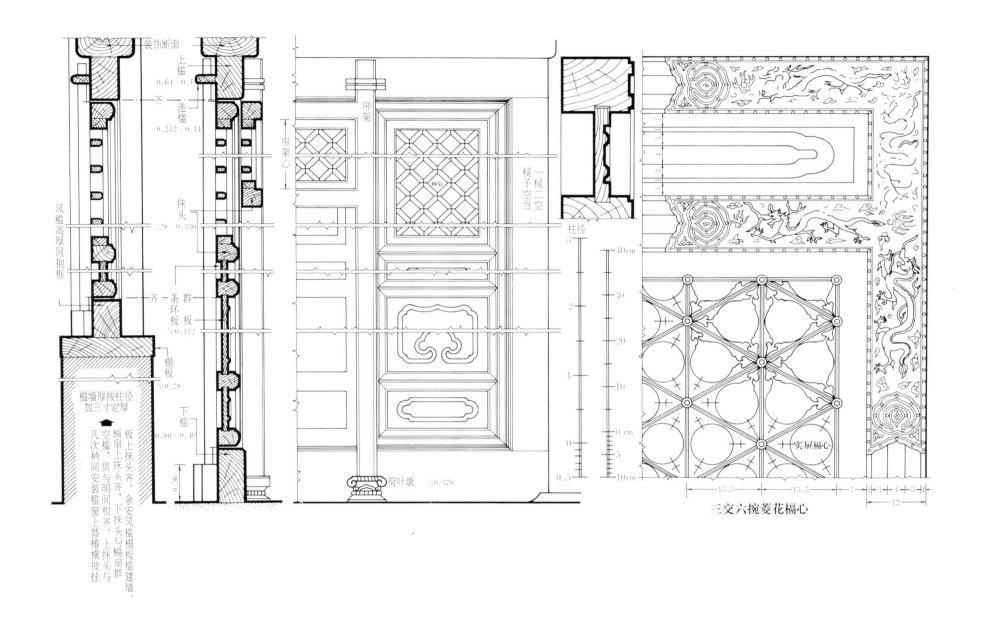

26. 隔扇帘架实屉隔心详图

27. 保和殿菱花隔扇夹纱隔心实测图

三交六椀菱花槅心

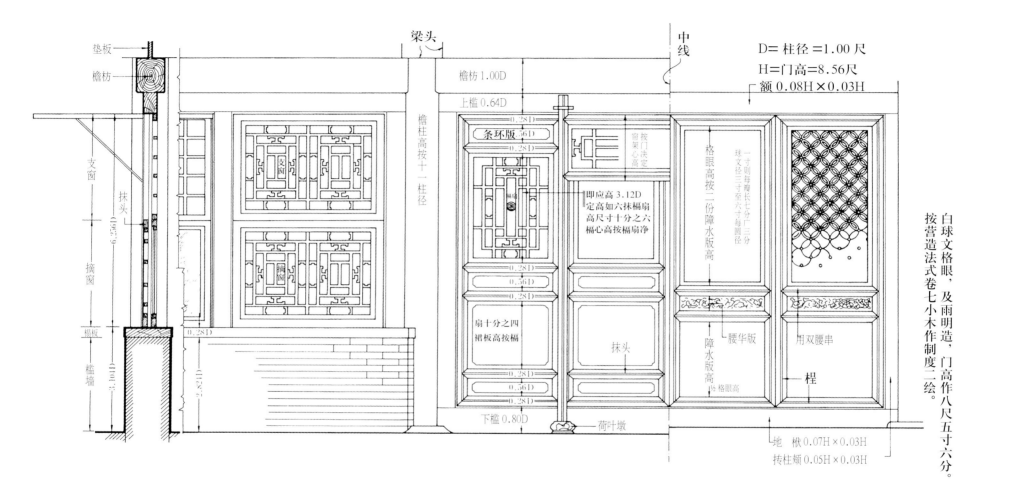

梁头

中线

D= 柱径 =1.00 尺
H=门高 =8.56 尺
额 0.08H×0.03H

垫板

檐枋

檐枋 1.00D

上槛 0.64D

(0.28D)

条环版(0.56D)

(0.28D)

即应高 3.12D
定高如六抹榻扇
高尺寸十分之六
榻心高按榻扇净

帘架心决定

按门决定

支窗

檐柱高按十一柱径

抹头

(9.560)

支窗

摘窗

(0.28D)

(0.56D)

(0.28D)

扇十分之四
裙板高按榻

格眼高按二份障水版高

一寸则每瓣长七分广三分
球文径三寸至六寸每圆径

障水版高

腰华版

用双腰串

摘窗

3.10(H)

榻板

槛墙

(0.28D)

抹头

(0.28D)

(0.28D)

(0.56D)

下槛 0.80D

荷叶墩

抹头

障水版高

格眼高

程

地栿 0.07H×0.03H
抟柱颊 0.05H×0.03H

白球文格眼，及雨明造，门高作八尺五寸六分。
按营造法式卷七小木作制度二绘。

28. 清式外檐装修格扇及支摘窗

29. 宋式四斜球文格子门

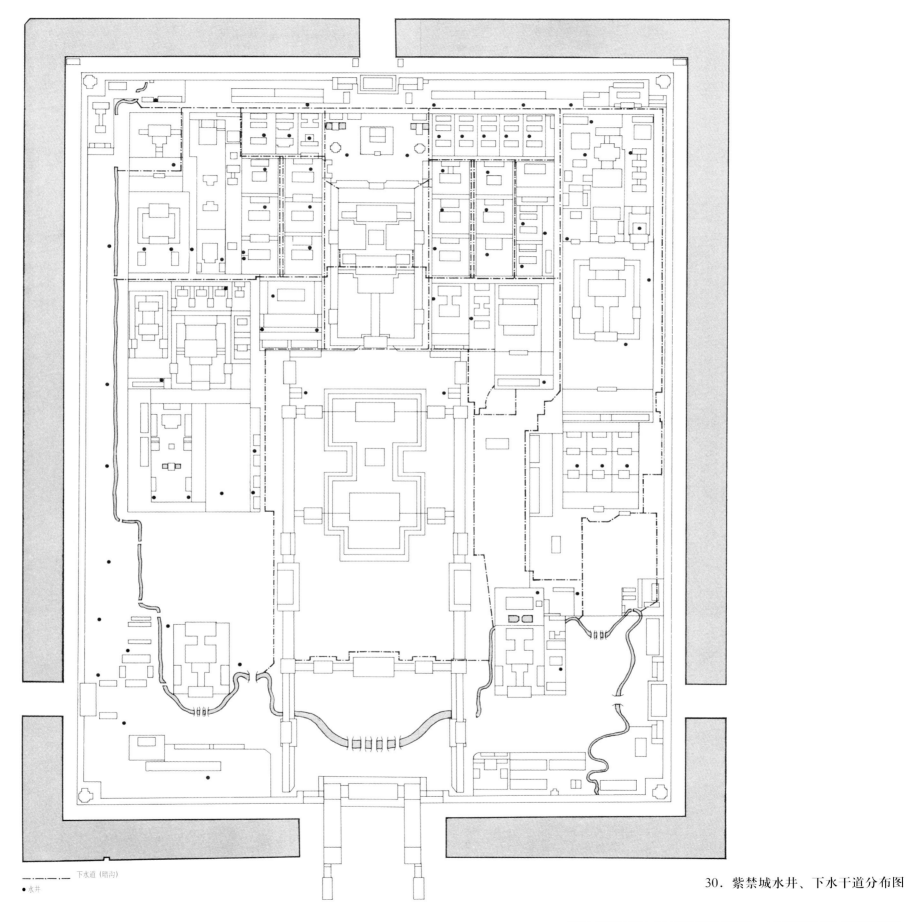

30. 紫禁城水井、下水干道分布图

下水道（暗沟）
● 水井

紫禁城宫殿建筑大事年表

郑连章

1406 年（明永乐四年闰七月）
永乐帝下诏以明年五月建北京宫殿，为此遣官员到各地筹工备料，并征集工匠、军士和民丁限期明年五月赶抵北京听役。

1417 年（明永乐十五年二月）
选派泰宁侯陈珪并以王通、柳升为副，董建北京宫殿。

1420 年（明永乐十八年十二月）
紫禁城宫殿全部竣工。

1421 年（明永乐十九年四月）
奉天（今名太和）华盖（今名中和）谨身（今名保和）三殿毁于火。

1422 年（明永乐二十年闰十二月）
乾清宫毁于火。

1436 年（明正统元年九月）
派遣太监阮安和都督沈清、少保吴中督造奉天、华盖、谨身三殿。

1439 年（明正统四年十二月）
重建乾清宫，并遣尚书吴中祭司工之神。

1440 年（明正统五年三月）
奉天、华盖、谨身三殿和乾清、坤宁二宫竣工。

1449 年（明正统十四年十二月）
文渊阁受火灾，所藏之书悉为灰烬。

1475 年（明成化十一年四月）
乾清门夜间发生火灾。

1487 年（明成化二十三年九月）
修建仁寿等宫。

1490 年（明弘治三年二月）
修造隆德等殿拨锦衣卫 300 人助役。

1492 年（明弘治五年六月）
大学士丘濬请于文渊阁近地别建重楼，完全用砖石砌成。将累朝实录御制玉牒庋于楼上。并将内府的藏书庋于楼的下层。

1498 年（明弘治十一年十月）
清宁宫毁于火。

1499 年（明弘治十二年十月）
重建清宁宫竣工。

1514 年（明正德九年正月）
正月赏灯放烟火，乾清、坤宁二宫毁于火。

1514 年（明正德九年十二月）
为建造乾清宫一区建筑加天下赋白银百万两。

1519 年（明正德十四年八月）
重建乾清、坤宁二宫。

1522 年（明嘉靖元年正月）
清宁宫后三小宫发生火灾。

1523 年（明嘉靖二年四月）
在奉慈殿后修建观德殿。

1525 年（明嘉靖四年三月）
仁寿宫发生火灾。

1525 年（明嘉靖四年八月）
工部会廷臣议营建仁寿宫事，同年始建仁寿宫。

1525 年（明嘉靖四年十月）
修理清宁宫竣工。

1526 年（明嘉靖五年七月）

嘉靖皇帝传旨工部，因初立观德殿在奉慈殿后，事出仓促，规模窄隘，今拟在奉先殿东侧，别建一殿名为崇先殿，以便奉安皇考恭穆献皇帝神位（嘉靖皇帝生父），同年开工营建。

1527 年（明嘉靖六年三月）
崇先殿建成。

1531 年（明嘉靖十年六月）
雷击午门上角亭垂脊及西华门门城楼西北角柱。

1534 年（明嘉靖十三年九月）
在文华殿后建九五斋、恭默室为祭祀斋居之所，至是竣工。

1535 年（明嘉靖十四年五月）
重建未央宫，并修建钦安殿以祀真武，殿前建天一门及围墙。同年改十二宫名，长安宫为景仁宫、长乐宫为毓德宫（今名永寿宫）、永宁宫为承乾宫、万安宫为翊坤宫、咸阳宫为钟粹宫、寿昌宫为储秀宫、长寿宫为延祺宫（后改延禧宫）、未央宫为启祥宫、永安宫为永和宫、长春宫为永宁宫（今名长春宫）、长阳宫为景阳宫、寿安宫为咸福宫及咸熙宫为咸安宫。

1536 年（明嘉靖十五年四月）
在清宁宫后半地建慈庆宫为太皇太后宫一区，同时以仁寿宫故址并撤大善殿营建慈宁宫，为太后宫一区。

1536 年（明嘉靖十五年十一月）
文华殿原是太子出阁，设座于中殿，因此是绿色琉璃瓦，至此改为皇帝设经筵之所，所以改易黄色琉璃瓦。

1537 年（明嘉靖十六年四月）
嘉靖皇帝下诏增修内阁。

1537 年（明嘉靖十六年五月）
建造清宁宫膳房、端敬殿、御食馆、元辉殿、方殿、省愆居、理办房及内神厨门等工程俱完。并作圣济殿于文华殿后以祀先医。

1537 年（明嘉靖十六年六月）
新作养心殿竣工。

1538 年（明嘉靖十七年七月）
慈宁宫一区宫殿竣工。

1539 年（明嘉靖十八年正月）
奉先殿竣工。

1539 年（明嘉靖十八年十月）
永寿宫竣工。

1540 年（明嘉靖十九年十一月）
慈庆宫、本恩殿、二号殿、三号殿全部竣工。

1557 年（明嘉靖三十六年四月）
十三日雷雨大作，戌刻火光骤起由奉天殿（今名太和殿）延烧及谨身（保和）、华盖（中和）二殿，文楼（今名体仁阁）、武楼（今名弘义阁）奉天（今名太和）、左顺（今名协和）、右顺（今名熙和）及午门等门，共有二殿二楼十五门全部毁于火。

1557 年（明嘉靖三十六年十月）
为重建奉天等殿以及午门、太和门兴工，嘉靖皇帝亲告大高玄殿。

1558 年（明嘉靖三十七年六月）
新建午门、太和门、东西角门、左右顺门等门竣工。嘉靖皇帝下旨太和门权名更大朝门，其余各殿、楼、门等总待竣工后降制。

1562 年（明嘉靖四十一年九月）
嘉靖皇帝下旨，奉天殿更名皇极殿（今名太和殿），谨身殿更名建极殿（今名保和殿），华盖殿更名中极殿（今名中和殿），另文楼为文昭阁（今名体仁阁），武楼为武成阁（今名弘义阁）。左顺门为会极门（今名协和门），右顺门为归极门（今名熙和门），奉天门（即大朝门）为皇极门（今名太和门），东角门为弘政门（今名昭德门），西角门为宣治门（今名贞度门）。

1566 年（明嘉靖四十五年六月）
雷礼奉旨建玄极宝殿，同年九月竣工，以奉嘉靖皇帝之父睿宗。

1567 年（明隆庆元年四月）
修理景仁宫铸给监工科道关防。
隆禧殿更名英华殿。

1569 年（明隆庆三年闰六月）
修理乾清宫殿宇及廊庑。

1569 年（明隆庆三年十一月）
修理承乾、永和二宫。

1570 年（明隆庆四年二月）
隆庆皇帝命工部于道心阁、精一堂、临保室旧址重建隆道阁、仁德堂、忠义室。

1573 年（明万历元年九月）
修理午门正楼。

1573 年（明万历元年十一月）
慈宁宫后舍毁于火。

1575 年（明万历三年五月）
修造慈宁宫暖阁仙桥。

1578 年（明万历六年）
添盖临溪馆（今名临溪亭）一座。

1580 年（明万历八年四月）
皇极门（今名太和门）明梁损坏，命部议修换。

1580 年（明万历八年闰四月）
皇极门开工。

1580 年（明万历八年六月）
皇极门竣工。

1583 年（明万历十一年二月）
万历皇帝下诏修武英殿，所用的工料银于节慎库内支出。庚戌日兴工，并遣杨巍祭告。

1583 年（明万历十一年五月）
临溪馆更名为临溪亭。咸若亭更名咸若馆。

1583 年（明万历十一年八月）
辛酉以武英殿竣工遣尚书杨兆祭后土司工之神。

1583 年（明万历十一年九月）
拆毁四神祠和观花殿，叠石为山，中作石门，匾为堆秀，山上建亭名御景亭。御花园东西建鱼池，池上建浮碧、澄瑞二亭，还有清望阁、金香亭、玉翠亭、乐志斋、曲流馆等。并以修宫后苑工程竣工，遣尚书杨兆祭后土司工之神。

1584 年（明万历十二年十二月）
慈宁宫夜一更发生火灾。

1584 年（明万历十二年二月）
万历皇帝上谕内阁，慈宁宫系圣母御居，工部合同内官监，要上紧鼎新毋得延缓。

1585 年（明万历十三年二月）
营建慈宁宫，并遣尚书杨兆祭告后土司工之神。

1585 年（明万历十三年六月）
慈宁宫竣工。

1591 年（明万历十九年）

宫后苑（即御花园）清望阁、金香亭、玉翠亭、乐志斋、曲流馆拆毁。

1594 年（明万历二十二年四月）
修理紫禁城的城垣，遣尚书衷贞吉祭告后土司工之神。

1594 年（明万历二十二年六月）
雷雨大作西华门城楼发生火灾。

1596 年（明万历二十四年三月）
是日戌刻火发自坤宁宫廷及乾清宫一时俱烬。

1596 年（明万历二十四年七月）
万历皇帝命钦天监择日鼎建乾清宫。

1596 年（明万历二十四年闰八月）
西华门城楼竣工。

1597 年（明万历二十五年正月）
鼎建乾清、坤宁二宫兴工祭告后土司工之神。

1597 年（明万历二十五年六月）
三大殿发生火灾，至是火起归极门（今名协和门）延至皇极（今名太和殿）等殿，文昭（今名体仁阁）、武成（今名弘义阁）二阁，周围廊一时俱烬。

1598 年（明万历二十六年七月）
重建乾清宫、交泰殿、坤宁宫、东西暖殿披房、斜廊和乾清、日精、月华、景和、隆福等门。周围廊庑 110 间，并有神霄殿、东裕库、芳玉轩全部竣工，并包括做竖柜 240 座、板箱 2400 件，通共用银 72 万两。

1598 年（明万历二十六年十一月）
隆宗门兴工。

1599 年（明万历二十七年八月）
慈庆宫竣工。

1603 年（明万历三十一年四月）
慈庆宫花园等处竣工，遣侍郎周应宾行祀土礼。
钦天监择定十六日皇极、中极、建极三大殿开始清理地基。

1608 年（明万历三十六年九月）
会极（今名协和门）、归极（今名熙和门）二门上梁。

1615 年（明万历四十三年闰八月）
皇极、中极、建极三大殿开始重建。

1616 年（明万历四十四年十一月）
隆德殿灾。

1620 年（明泰昌元年八月）
皇极门兴工。

1620 年（明泰昌元年十月）
哕鸾宫灾。

1625 年（明天启五年二月）
天启皇帝命御史崔呈秀巡视三大殿及各门庑工程。
弘政（今名昭德门）、宣治（今名贞度门）二门开工。

1626 年（明天启六年九月）
皇极殿（今名太和殿）竣工，天启皇帝在该殿受百官行庆贺礼。

1627 年（明天启七年三月）
隆德殿兴工。

1627 年（明天启七年四月）
内官监李永贞题本隆德殿竣工。

1627 年（明天启七年八月）
礼部奏三大殿工程告竣，请择吉日临御。

己酉工部奏三大殿自天启五年二月二十三日起兴工，至七年八月初二日报竣。

1645 年（清顺治二年五月）
定紫禁城前朝殿名为太和殿、中和殿、保和殿、太和门、昭德门、贞度门、协和门、雍和门（今名熙和门）、中左门、中右门、体仁阁、左翼门、弘义阁、右翼门、后左门、后右门等。
重建乾清宫。

1647 年（清顺治四年）
奉顺治皇帝旨意重建午门。

1653 年（清顺治十年）
重建慈宁宫为皇太后所居。

1655 年（清顺治十二年）
重修内宫各殿，有乾清宫、交泰殿、坤宁宫、乾清门、景运门、隆宗门及坤宁门。又重修景仁宫、承乾宫、钟粹宫、永寿宫、翊坤宫、储秀宫等。

1657 年（清顺治十四年）
顺治皇帝敕建奉先殿，前各殿各 7 间。

1669 年（清康熙八年）
重建太和殿和乾清宫。

1672 年（清康熙十一年闰七月）
工部尚书吴达礼等奏称重修三大殿院、后崇楼、太和殿斜廊、平廊，保和殿斜廊、平廊及围房，中左、中右门、后右、后左门，拆卸屋顶宝瓦油饰彩画已竣工。

1673 年（清康熙十二年）
重建交泰殿、坤宁宫及景和隆福二门。

1679 年（清康熙十八年）
重修奉天殿。建太子宫、正殿为惇本殿、殿之后为毓庆宫、前为祥旭门。
太和殿灾。

1682 年（清康熙二十一年）
改建咸安宫（今名寿安宫）。

1683 年（清康熙二十二年）
重建文华殿。并重修启祥宫（今名太极殿）、长春宫、咸福宫。

1685 年（清康熙二十四年）
建传心殿于文华殿之东。

1686 年（清康熙二十五年）
重修延禧宫、景阳宫。

1688 年（清康熙二十七年）
建宁寿宫。

1695 年（清康熙三十四年）
重建太和殿。

1697 年（清康熙三十六年）
重修承乾宫、永寿宫，并在坤宁宫左右建暖殿。

1698 年（清康熙三十七年）
太和殿工程竣工。

1726 年（清雍正四年）
在紫禁城内西北隅，雍正皇帝敕建城隍庙。

1731 年（清雍正九年）
奉雍正皇帝旨意于东一长街之南仁祥、阳曜二门之中建斋宫。

1734 年（清雍正十二年九月）

修建慈宁宫一区呈览画样，拆卸旧有宫殿房屋 86 间，墙垣"一百八十八丈七尺"，新添建宫殿大小房屋 223 间，工料共约需白银 6.9 万两。

1735 年（清雍正十三年十二月）
新建寿康宫兴工。

1736 年（清乾隆元年十月）
乾隆皇帝阅视寿康宫工程。寿康宫竣工。寿康宫一区包括前后殿周围庑房、门等大小殿座 288 间，院墙"二百三十三丈五尺"，地面"一千二十丈六尺二寸"及影壁、路灯、铁太平缸等附属设施共用银 7.4 万两，用赤金 188 两。

1737 年（清乾隆二年）
重修奉先殿。

1740 年（清乾隆五年）
兴建抚辰殿、建福宫、惠风亭等及建福宫花园（俗称内花园）。于 1923 年 6 月 26 日夜，敬胜斋失火延烧延春阁、静怡轩、慧曜楼、吉云楼、碧琳馆、妙莲花室、凝晖堂及花园南的中正殿等，皆毁于火。

1743 年（清乾隆八年）
改建毓庆宫包括正殿、后殿后照房、围房、值房及门等项工程，共用白银 4.89 万两。

1745 年（清乾隆十年）
重华宫修盖殿宇前接抱厦等，钦安殿内油饰彩画过色见新，永寿宫后殿改安装修咸福宫加高墙垣等项，共用银 2.56 万两。

1746 年（清乾隆十一年三月）
撷芳殿改建为三所兴工（即为皇子住的南三所）。

1747 年（清乾隆十二年）
在乾清门外左右建直庐各 12 间（今名九卿房和军机处）。又于直庐南面各建坐南向北五间军机章京值房和蒙古王公值房。南三所竣工。

1750 年（清乾隆十五年）
建造雨花阁一座连两边值房二座计 14 间，诸旗房四座计 12 间，挪盖凝华门一座，琉璃门二座及其他室内装修和室外设备工程。除旧料抵销银外，实用工料所用白银 2.25 万两，用赤金 196 两。

1751 年（清乾隆十六年）
改建咸安宫更名寿安宫，又重修慈宁宫。

1754 年（清乾隆十九年）
海望、三和等管工大臣奏称遵旨御花园将养性斋改建为转角楼一座计 13 间，大小月台二座、镶嵌花斑石、安砌汗白玉石栏杆十六堂等。

1758 年（清乾隆二十三年四月）
二十八日午时太和殿院庑房绿皮库失火，延烧至贞度门、衣服库、熙和门，共烧毁房屋 41 间。

1758 年（清乾隆二十三年十二月）
遵照乾隆皇帝旨意修建熙和门一座计 5 间，北山围房一座计 13 间，重檐方楼一座（太和殿西南崇楼）四面各显 3 间。贞度门一座计 3 间。西山围房一座计 6 间，弘义阁南山围房一座计 10 间及院内其他维修工程，全部竣工，总共用白银 10.39 万两。

1759 年（清乾隆二十四年）
在东华门内石桥进北建琉璃门三座。

1760 年（清乾隆二十五年）
奉乾隆皇帝旨将广储司、兆祥所、尚衣监改建为皇子住房共有 360 间。又重修咸安宫学 27 间。

1761 年（清乾隆二十六年）
重筑保和殿后三台下层御路。

1762 年（清乾隆二十七年）
奉乾隆皇帝旨将神武门内东长房 121 间改为皇孙住房。重修文华殿。

1763 年（清乾隆二十八年二月）
修理保和殿、中和殿、太和殿后檐、栏板和望柱等工程。

1765 年（清乾隆三十年）
重修太和殿、中和殿、保和殿。慈宁花园内添建后楼（慈荫楼）、配楼两座（吉云楼和宝相楼）、临溪亭前东西配殿、间等、重修咸若馆。以上统计添建和改建殿宇楼房十一座共 56 间以及拆改附属建筑和其他设施，共需白银 5.94 万两。

1765 年（清乾隆三十年四月）
紫禁城内城隍庙正殿、马神庙、山门、顺山房大木歪闪俱挑拨拨正，拆宽配殿顶四座计 12 间，并拆挪省牲房 3 间，拆改门一座及其他附属建筑，共估白银 0.918 万两。

1766 年（清乾隆三十一年五月）
重修南三所、茶饭房、净房、井亭、门罩、琉璃门共 140 座，总计 292 间及其他一些附属建筑物，共需估白银 0.39 万两。

1767 年（清乾隆三十二年十二月）
慈宁宫由单檐改建为重檐大殿。并挪盖后殿。拆改宫门，改建前后廊及密室左右二门及垂花门二座，四周转角围房、月台甬路、墙垣等项工程，共需估工料白银 10.87 万两。

1770 年（清乾隆三十五年十一月）
修宁寿宫殿宇节次烫样。

1771 年（清乾隆三十六年）
奉乾隆皇帝特旨重修宁寿宫一区殿宇。

1772 年（清乾隆三十七年）
内务府英廉、刘浩、四格管理宁寿宫工程大臣奏称，宁寿宫一区后路养性殿仿养心殿，乐寿堂仿长春园淳化轩式样，殿宇大木俱已齐备，拟请择日上梁，经钦天监择得本年九月十六日戊申宜用辰时上梁吉。内务府奏称，宁寿宫工程殿座高大、大件物料多，非经年能告竣。酌拟分年次第修造。得先造后路各殿座。今据建造宁寿宫后路养性殿、乐寿堂、颐和轩、景祺阁及西路花园撷芳亭、禊赏亭、倦勤斋等，除楠木、杉木、架木、金砖并颜料飞金铜锡、绫绢向各处征用以外，需工料白银 71.93 万两。

1774 年（清乾隆三十九年）
乾隆皇帝敕建文渊阁于文华殿之后。为藏《四库全书》之所。包括碑亭一座、阁前水池及单券石桥和阁后堆造云步山石、值房等。

1776 年（清乾隆四十一年）
宁寿宫一区工程竣工。后经内务府大臣英廉、和坤于乾隆四十四年三月初一日奏称：修建宁寿宫各殿宇、楼台座、前后路共计 1183 间，并成堆各处山石俱已如式成修完竣，除各项旧料抵用核除价值并官办松木价银也扣除外，实需白银 127.34 万两。

1783 年（清乾隆四十八年六月）
体仁阁灾。

1783 年（清乾隆四十八年七月）
重建体仁阁，工料按例需银 4.11 万两。

1790 年（清乾隆五十五年）
拟重建果房、银库值房等，通共约需白银 0.55 万两。

1795 年（清乾隆六十年二月）
奉乾隆皇帝旨将毓庆宫殿前大殿一座（即惇本殿）计 5 间及祥旭门俱往前挪盖，并添盖围房 6 间，拆去值号 11 间，值房 6 间，后照殿前添盖游廊 6 间，照殿东山添盖抱夏 1 间，项工程呈烫样。

1797 年（清嘉庆二年）
乾清宫发生火灾延及交泰殿和宏德、昭仁二殿、全部毁于火。重建乾清宫，交泰殿和乾清宫东西昭仁、宏德二殿。

1798 年（清嘉庆三年）
乾清宫、交泰殿及乾清宫两边昭仁殿、宏德殿竣工。十月初十日，内阁奉敕旨太上皇乾隆和嘉庆皇帝进宫阅视乾清宫和交泰殿工程。

1799 年（清嘉庆四年）
寿安宫院大戏台拆除交圆明园工程处。

1801 年（清嘉庆六年）
重修午门和斋宫。

1802 年（清嘉庆七年）
重修养心殿、重华宫、建福宫、储秀宫、延禧宫及上书房。

1819 年（清嘉庆二十四年）
重修宁寿宫、畅音阁、阅是楼、佛日楼、梵华楼，并拆盖扮戏楼，还拆去畅音阁的东西配楼，改盖围房二座。除行取各项物料外按例实销工料白银 4.95 万两。

1831 年（清道光十一年）
重修宝华殿并将室内所供奉的画像白救度佛母八十一轴和供养画像十轴撤下送交东黄寺。

1869 年（清同治八年六月）
二十日夜间西华门内武英殿不戒于火被毁，延烧其他殿宇 30 余间、重修时派潘文勤估工程。

1870 年（清同治九年正月）
北五所内敬事房木库发生火灾被毁。

1888 年（清光绪十四年十二月）
在本月十五日夜间贞度门发生火灾被毁并延烧太和门及左右庑房。

1889 年（清光绪十五年）
重建太和门、贞度门和昭德门。

1891 年（清光绪十七年）
修宁寿宫和重华宫。